U0154217

陳厚銘

2022. 12. 21

筆下企業管理・劍指現勢時事

# 一個管理學者的社會責任

陳厚銘 著

# SSR
## Scholar Social Responsibility

　　1995 年完成博士學位後，我就在大學擔任教職，先後經歷暨南國際大學、中興大學和台灣大學，至今已 28 年。期間曾借調至財團法人商業發展研究院擔任院長一職，並且得有機會在不同時期兼任產學相關職位，包括行政院科技部管理一學門召集人、行政院國發基金管理委員會委員、經濟部貿易調查委員會委員、中華談判管理學會理事長、台灣行銷科學學會理事長、中興大學社會科學暨管理學院院長、中興大學企管系系主任兼所長、全國工業總會產經顧問、全國商業總會會務顧問、商業服務業年鑑編輯委員會召集人、國家品質獎及中堅企業獎評審委員、信邦電子、義隆電子、富喬工業、盛弘醫藥等公司獨立董事，以及漢翔航空工業董事等。

　　在各個職位上，我從來兢兢業業，期許自己以專長對校園學子有所啟發，對企業社會有所貢獻，或可稱尚不負學子的依賴，企業的仗托，數多年來有幸居於學者之列，肩上責任更加沉重，而不敢有所懈怠。

　　孔子曾說：「古之學者為己，今之學者為人。」古時的學者是為增進自己的智慧德業而學習，現今的學者則為揚名於世顯耀於人而學習。孔子並不是非今是古，而是循序的問題，學者應該先做到「為己」，才可能真正達到「為人」。2000 餘年後，為分數而學，為學歷而學，為顯達而

學，依舊是最現實的主流。固然學歷文憑很重要，生計溫飽很重要，但是，如果醫師以名利為先，如何救死扶傷？律師以名利為先，如何主持正義？教師以名利為先，如何授業傳道？知識份子必須先修身，才能齊家，才能治國、平天下，才能真正光彩門楣；知識分子絕不能獨善其身，必須己立立人，己達達人，才能真正顯耀於世。

因此，真正的知識分子不僅是「專業學術型」學者，同時應該也是「社會實踐型」的學者。其責任不僅僅是為經師為人師，還必須時時放眼社會、國家以及世界，參與公共事務的探討或實踐，並且勇於運用己身的專業知識，以理性批判的態度，為公共治理的諸多議題提供建言與解方。

我的專業在品牌行銷與國際企業管理，管理領域屬於歸納與實證科學，以入世研究與問題解決（Problem Solving）為導向，重視創新與創業。國際企業管理研究者更能關注國際經貿、產業政策、企業經營、以及高階管理人才培育等相關議題，發揮專長而有所作為。念茲在茲，本著「關懷社會，追求真理，以筆為劍，論世策議，以盡知識分子責任」的理念，自 2015 年 11 月首先在工商時報對當時出口衰退狀況提出解決方案後，我開始不定時在報章媒體撰寫評論，辨析現勢時事，提挈解方建言，期望對當下的政策推行、公共困境有即時解套並展望未來的助益。7 年間不覺累

計 40 餘篇章,於是蒐羅彙整,集結為專書,除了為自己檢
視 7 年來社會責任的實踐績效,也願能與各界先進後學分
享經驗、理念,共創企業榮景與社會的進步繁昌。

陳厚銘

2022 年 11 月 15 日

# 對於「今之學者爲人」的正面實踐

許士軍

　　許多人聽到，一位管理學者談自己的社會責任，可能有些詫異，管理學者不就是在自己管理學領域，教自己的書，做自己的研究嗎？除此還有什麼社會責任？

　　這就好像聽到一個企業家，不談自己經營企業的投資報酬而談社會責任，同樣有些異類！

　　事實上，在今天世界，不管是學者或是企業家，所要承當的責任─不是外界強加，而應該是自然的─除了要在傳統上的本職上獨善其身，還要兼善天下，這是世界潮流。只不過本書作者不但說出來，還做出來；身體力行，並不令人詫異。

　　作者在序言中，引用孔子在〈論語・憲問〉篇中所說的話：「古之學者為己，今之學者為人」。經查，這句話在歷史上，曾引發許多爭議。問題就在「為人」這個觀念的涵義上，有人認為，所謂「為人」，係指學者之所以「懸樑刺股」，乃為了求取功名或炫耀己能；基本上，這種說法乃帶有貶意的，雖然在現實世界，確有學者是這樣「為人」而治學的。

　　本書作者，不是不知道有這種的「為人」的學者。但是他所相信的，都是秉承儒家所主張的「仁者，己欲立而立人，己欲達而達人」的理想，應用於「修齊治平」的實踐上。

這是一種如范仲淹所稱,「大丈夫以天下為己任」的胸懷。

　　本書中,作者自稱今天的管理學者應該從「專門學術型」轉變為「社會實踐型」。尤其以管理學者所擁有的「管理」專長,比起許多其他學域,在性質上,本來就特別適合於應用於「社會實踐」。

　　以本書作者而言,他的實踐,除了在於教室或研究室之內,在過去近三十年的漫長教學生涯中,還多次以兼職或借調身分,參與多方面之產學相關活動,並擔任重要職務。這種機會,除對於他本身治學,大有增益外,更可以將他所學習心得,直接實踐,這是一般學者未必獲有的機會。

　　畢竟一位學者,基本上其安身立命之處,還是在大學或類似的學術機構之內。以本書作者而言,這些年來,一直本於「關懷社會」之胸懷,「以筆為劍,論世策議」,針對時弊,有所鍼砭。而目前在我們手中這本書,就是作者自2015年起至今的七年間,前後發表於各種報章媒體的評論專文,彙集成冊,彌足珍貴。

　　本書作者治學甚勤,見解亦極獨到。如今他的文章經彙集成書,廣為流傳,應可預見其振聾發聵產生影響,無疑這應該就是他自己所許下對於社會責任承諾的實踐吧!

許士軍
國立臺灣大學管理學院創院院長

# 厚德載物，銘鐘傳遠

陳定國

陳厚銘博士、教授、院長、獨立董事，是我初高中母校嘉義中學的同校傑出校友，也是台灣大學商學系所（後升格為今台大管理學院）的前後期教授、傑出教授，情誼非凡。雖然我們年齡相差近二十年，可是我們很親近，有重要研討會時，他都會撥冗前來參加，發表宏論，見地精闢，所以他的退休巨著「一個管理學者的社會責任（Scholar Social Responsibility, SSR）」發表時，我爭取說一些話的機會，就教諸方大學者。

陳厚銘教授的名字很有含意，「厚」乃「厚德載物」，在學術上可以解釋為「歸納綜合以致物」，「銘」乃「銘鐘傳遠」，在學術上可以解釋為「演繹分析見道理」。他的管理學者、知識份子之科學精神就顯現在「歸納（綜合）」與「演繹（分析）」的邏輯與實踐上。讀他四大篇 43 文的專業內容，就可以了然他的真知識份子的功夫，到處充滿合理的「分析與綜合」、「演繹與歸納」的科學態度，「真金不怕火燒」，沒有「買辦（買「外包」來辦）」水份。

到現在，社會上有很多人不知道「管理者（Manager）」與「技術者（Technician）」的區別，也不很明白「利潤責任（Profit

Responsibility）」與「社會責任（Social Responsibility）」的區別，所以不會當好總統、院長、部長、校長、董事長、總經理、經理、課長、班長等等。也不知道在各產業、各企業、投資經營管理時，如何與競爭者、客戶、員工、股東、供應商、經銷商、社區鄰居、大社會及生態環境，做「利害平衡」之選擇，在所謂「慈善商」、「忠實商」、「公平商」及「奸商」、「罪惡人」五類中衡量長期與短期的決策。「慈善商」是損己利人，把自己應得好處捐讓他人或社會；「忠實商」是利己也利人；「公平商」是利己不損人（生意人最低要求）；「奸商」是損人利己（貪官汙吏般的壞生意人）。最後，「罪惡人（犯罪者）」是損人損己，壞事（損人利己）做多了，就變成了害人害己。

很明顯地損己利人（慈善商）及利己利人（忠實商）是最有社會責任的商人企業家，他們以「利己」、「利人」、「利社會」之「三利」為經營企業之崇高目標，既完成投資者之「利潤目標」，也完成社會國家期望的「社會目標」。

是誰來教育及培養這種「利己、利人、利社會」之「三利」廣大各行各業之企業管理者呢？要靠「管理學者（Management Scholar）」來當「種子」加以來傳播、擴大。真知識份子的管理學者有「社會責任」及「利潤責任」後，他們的

學生輩會成為有與時俱進的「良好知識（良知）」、有克服困難達到目標之「良好能力（良能）」，並有謙讓、不敢為天下先的「社會責任良心」，此「三良（良知、良能、良心）」呼應「利己、利人、利社會」之「三利」，就是「管理學者的社會責任」，這些皆可以從陳厚銘教授身上發現，謹以此短文祝福新書發表成功！

**陳定國**
中華企業研究院學術教育基金會創會榮譽理事長

# 管理學者與社會責任

魏啓林

　　陳厚銘教授可以說是台灣國際經營策略學界的傑出教授，他在國際市場領域的學術論文著作等身，所以在擔任了中興大學的管理學院院長後，又擔任台灣大學國際企業系所的特聘教授，執教期間認真教學，誨人不倦，潛心治學研究，餘暇則參與社會服務，不覺已數十年，對台灣管理學界貢獻很大。我認識厚銘已近 40 年，他為人誠正篤實，學生時代即勤勉向學，後來取得學位後，更嚴謹治學，在學術期刊多所論著，因此在台灣的管理學界大放光彩。

　　厚銘也是一位具有理想性的學者，為人溫暖摯情，熱愛台灣家園，對社會充滿關懷，因此在企業的管理實踐之餘，力倡台灣管理者的社會責任，也就是企業管理者在追求經營效率下，亦應將過去企業所疏忽的外部化社會成本加以內部化，才是真實的企業管理成本，也才是真正的社會關懷，而企業經營者的關懷不僅止於股東與客戶，也及於整個社會與環境的利益關係人（Stakeholders），這也是厚銘在追求教學研究時，感受最大的管理者對社會關懷的責任。

　　我們也知道，傑出的管理學理論均源自於社會實踐，並不是主觀臆想的虛空判斷，管理學之研究必須擔負社會責任和時代理想，更須體現出社會關懷的應用價值，古人之「為天地立心，為生民立命」的使命感，可說是為管理學者的社會責任立下最佳典範。

　　厚銘的這本專著集結了 2015 年至 2022 年來的四十三篇論述，分為「高等教育」、「產業政策」、「新南向」以及「企業經營」等四個篇章，在面對台灣未來經濟變遷的不確定性下，為政府、社會與產業提出建言與對策。

　　厚銘在本書中見證了過去台灣的變化與發展，精闢剖析台灣社會未來所將面臨的議題，厚銘並未把自己局限在管理學的領域內，基於強烈的社會家園使命感，他嘗試從不同角度，對政府施政、產業發展、社會層面、教育改革乃至後疫情的發展走向，提出新的企業管理思維與經營管理的精華，讓我們看到台灣的管理學者如何宏觀地自我定位，他的學術理念始終落實在關懷現實生活的普羅大眾，這種道德良知的伸展，不僅是今天台灣管理學界的寶貴資產，也是為管理學者的社會關懷實踐做了一個有力的註解。

**魏啓林**
國票金融控股公司董事長、前行政院秘書長、
台灣土地銀行董事長、台灣大學國際企業研究所所長

# 以筆為劍，論世策議

張平沼

　　厚銘教授是我結識多年的好友，曾於商發院共事，亦曾擔任富喬工業股份公司的獨立董事。厚銘兄學有專精，自取得博士學位後，旋即投入我國高等教育迄今，目前任教於台灣大學國企系，歷任暨南國際大學國企系教授、中興大學社會科學暨管理學院院長，期間亦曾借調商業發展研究院擔任院長一職，並獲重任在不同階段兼任產學相關職位；其多年來在產官學界對於我國經濟發展、協助政策推行，以及培育人才諸多卓著貢獻，平沼深感敬佩。

　　此次厚銘兄秉「關懷社會，追求真理，以筆為劍，論世策議」理念，匯集七年來於報章媒體撰寫之政策評論四十餘篇，針對我國目前企業管理面臨之機遇與挑戰，彙集成冊，除了檢視其多年來善盡社會責任之實踐績效外，並具體提供建言，期對政府當前政策推展、經濟處境有所助益；平沼拜讀之餘由衷欽佩，深刻體會厚銘兄對國內企業管理發展之奉獻，以及身為知識份子對國家社會的使命感，特序祝賀出版成功，讓我們一起為國家永續發展共同努力！

張平沼
燿華企業集團會長、台灣商業聯合總會理事長

# 筆下企業管理

陳添枝

　　這是陳厚銘教授在學術研究之外，所發表的與公共事務相關的43篇政策評論文章，集結出版，作為退休前對社會的一份獻禮。

　　我與陳教授相交數十年，也合寫過幾篇學術論文，對於管理學者對事情的看法，有一些了解。我是經濟學家，經濟學家看人間事務，冷眼無情，假設人都是平庸的、自私的，為利益所驅動，因此只有設計良好的制度，提供適當的誘因，人們的集體行為，才會凝聚出好結果。經濟學家不認為有天縱英明、不認為有偉大領袖，個人的真知灼見、領導魅力，對整體經濟發展無影響。因此經濟學被稱為是一門「黯淡的科學」。

　　管理學和經濟學大不相同。管理學強調個人的差異、組織的差異，研究為什麼某公司成功、某公司失敗，為什麼彼時成功，此時失敗。管理學認為公司的組織文化、管理制度、商業決策、領導特質，都會影響企業的成敗。相對於經濟學的黯淡，管理學是一門光明的學問。景氣好的時候，固然賺錢容易，但可以賺得更多；景氣壞的時候，固然賺錢困難，但也有風光的企業。不論時勢如何，都有贏家。管理學者教大家如何在景氣好的時候乘風而起，在

景氣壞的時候韜光養晦。經濟學家或許可預測時勢的興衰，但不知如何審時度勢；管理學者則觀測風向，因勢利導，營造英雄。

經濟學和管理學的差異，反映在對公共事務的看法，也大不相同。例如對於本書中談到的大學校長遴選問題，經濟學家一定把問題歸給制度，由教授們遴選校長，基於自利的心理，大家都想選一個不會「管太多」的校長，或者和自己利益和想法重疊的校長，例如醫學院的教授偏愛學醫的人當校長，工學院的教授偏愛學工的人當校長。為了降低新校長帶來的不確定性，選校內人為校長比選校外人為佳。這些經濟學的簡單模型，可以預測選出來的校長一定是隨和溫順、代表校內多數教師利益、而且是本校教授出身。我們無法期待遴選制度選出一位個性剽悍、誓言將大刀闊斧改革的空降校長。

管理學者就不像經濟學家這樣悲觀，他們總會在黑暗中尋找光明；不論制度的良窳，總有把事情做好的可能。例如大學校長遴選制度有許多精進的空間，包括遴選委員的產生方式、委員人數、決策模式、候選人的資格設定、徵求程序等等。執行細節改善後，遴選出好校長的機率就增加。更重要的是，除了遴選制度外，可以借助其他的社會制度規範，例如社會賦予校長的崇高地位、或校長自我

期許的高道德標準，使一個看似平庸的校長，也可以成就偉大的事業。

　　孟子說，「徒善不足以為政，徒法不能以自行」，意謂政策立意雖良善，無法保證施行成功；法律架構雖完整，無法保證獲得貫徹。而能夠使政策或法律獲得落實的，就是管理。管理作為一門學問，雖然是二十世紀以後的發明，但管理的重要性，古人已心知肚明；如果沒有管理，良善的政策也成為毒藥。傑出的管理學者，不是紙上談兵，而是真的有治理世間事務的本領。陳教授作為一位優異的管理學者，不只發表論文，過去治理學院和基金會的事務，也彰顯出卓越的治理成績。這本有關公共事務的論辯，顯示他對公共治理的卓越見解，值得一讀。

**陳添枝**
台灣大學經濟系名譽教授、前行政院國發會主委

15

# 善盡社會責任提解方，爲國家社會做貢獻

施振榮

陳教授經常在報章媒體撰寫評論，對當前國家社會遇到的問題提出解方與建言，此次他特別將這7年間累積的40多篇文章集結成書：「一個管理學者的社會責任」，將他的經驗及理念與各界分享，期望對日後國家社會的發展有所助益。

陳教授認為管理本質上是一種實務，以問題解決為導向的實證科學，管理學者若想成為具有影響力的一代宗師，並將所學傳承及貢獻於社會，在地入世研究，是不可或缺的首要任務，這也是善盡一個管理學者的社會責任。

我也十分認同他的理念，企業是為了社會的需要而存在，因此企業在成立的第一天開始，就要善盡企業的社會責任（CSR），對社會做出貢獻。而每個個人在社會中，也要善盡個人的社會責任（PSR）。

所以在我退休後，我也積極善盡個人的社會責任，希望能對社會有所貢獻。雖然相較之下，企業擁有較多的資源，我退休後的資源相對有限，不過個人長年在社會中累積的形象與影響力仍在，還是能對社會有所貢獻。

基於希望能有助提升台灣的國際競爭力及永續發展做出貢獻，我也提出許多新觀念與新思維，希望有助社會的發展與進步，且在提出新觀念之外，我更努力投入實踐，希望做出具體的成績，進而影響更多人共同參與，為社會帶來新的改變。

例如我積極推廣「王道」思維，王道思維只有透過「實踐」，才能真正創造價值。但如何有效落實王道的方法則要有彈性，透過不斷探索找到對的方法，並且建立利益平衡的機制，使多方能共創價值。

此外，要共創價值，很重要就是要有「利他」精神，利他才是最好的利己。不論是組織或是個人，要對所處的社會或是產業有所貢獻，都要從「利他」出發，我之所以提出許多新觀念，並進一步做出實踐示範，為的就是能為社會創造新價值。

誠如我的座右銘是「挑戰困難、突破瓶頸、創造價值」，一路走來，就是努力希望挑戰困難之處，突破社會現有的瓶頸，進而為社會創造價值。

陳教授在書中特別將文章分為四大主題，包括高等教育篇、產業政策篇、新南向篇、企業經營篇，針對台灣的人才培育、高教國際競爭力、產業未來發展的新藍圖與新

戰略、政府的新南向政策、企業經營的決勝之道與轉型的勝利方程式等等諸多眾所關切的議題,藉由深入的洞悉與觀察,提出獨到的解方與建議,相信定能對讀者有所啟發,在此將本書推薦給您。

**施振榮**
宏碁集團創辦人、智榮基金會董事長

# 學者社會責任報告書的創始範本

洪茂蔚

社會責任（Social Responsibility）是近年來非常盛行的詞彙與觀念，其中最廣為人知的是 CSR。CSR 是 Corporate Social Responsibility 的英文縮寫，近年來隨著環保、資源分配及永續發展等議題逐漸受到重視，CSR 也變成判斷企業是否成功的標準。但是 CSR 並沒有絕對的標準及規範，所以常用 ESG（Environment、Social、Governance）等指標來衡量企業是否善盡其社會責任。E（環境）代表企業對自然環境的保護，S（社會）代表企業對周遭社區及社群的社會責任，以及 G 則是（公司治理）。其中 E、S、G 又可細分其他的子項目。ESG也常是投資的重要指標，遵循ESG為選股原則的共同基金及 ETF 等金融商品也在市場上應運產生來滿足投資者的需求。我國也積極推動 CSR，希望企業擁有完善的永續發展政策。證交所跟櫃買中心更於民國 111 年 9 月分別公告要求食品工業、化學工業、金融保險業者以及實收資本額達 50 億的上市櫃公司要編制與申報「永續報告書」。實收資本額達 20 億以上，但未達 50 億的上市櫃公司則自民國 112 年適用。

受到 CSR 影響，非營利組織的大學也開始積極討論 USR（University Social Responsibility；大學社會責任）的相

關議題以及探討非營利目的大學如何實踐 USR。雖然很多的哲學家與學者談到大學的使命、願景與社會責任。但第一個浮現在我腦海中的是台灣大學第四任傅斯年校長借用 17 世紀荷蘭哲學家斯賓諾莎「宇宙的精神」所提出的「我們貢獻這個大學于宇宙的精神」，他鼓勵台灣大學追求宇宙一切永恆而無限的真理。教育部近年來也開始推行「大學社會責任實踐計畫」，鼓勵大學在 USR 計畫中扮演重要角色與推手，發揮專業知識及創新能力來推動在地連結、人才培育、國際連結等面向及各項議題。教育部更成立「大學社會責任推動中心」，從多方角度與各大學及 USR 計畫執行團隊協力落實 USR 目標及效益。可以預期的是在未來教育部可能會效仿上市櫃公司的規範來要求各大學必須編制與申報「大學永續報告書」。

　　CSR 與 USR 都是著重在組織的社會責任，而《一個管理學者的社會責任》一書則是探討大學中個體成員之一的教授的社會責任，行銷專長的作者陳厚銘教授稱之為 SSR（Scholar Social Responsibility）。教師的工作與責任自古以來都是大家關心的議題，而最早將教師工作與責任形諸筆墨的可能是唐代韓愈的作品「師說」中的「師者，所以傳道、授業、解惑者也」。我國大部分的大學往往將大學教師的工作責任分為三項：教學、研究與服務。陳厚銘教授除了持

續認真努力研究與教學外，在服務方面則積極對經濟、產業、社會與科技等公共政策議題提出建言與解決方案。而《一個管理學者的社會責任》一書則記錄了身為管理學院教授的作者實踐 SSR 的一部分軌跡。

我認識摯友厚銘兄是 20 幾年前從他的國科會 C302 表。當時我從台大借調到中興大學擔任社會科學暨管理學院創院院長。開創初期的其中一項重要的工作就是延攬優秀的師資。因為從他的 C302 表得知他傑出的研究能力，就積極遊說他加入中興大學社會科學暨管理學院。厚銘兄研究成果卓越，曾擔任台大特聘教授、國科會管理學門召集人。學術行政經驗則包括中興大學社會科學暨管理學院院長。經濟部為了借重他的豐富產業政策規劃能力，曾延攬他借調到經濟部所屬財團法人商業發展研究院擔任院長一職，他也擔任了多家上市櫃公司獨立董事。

《一個管理學者的社會責任》集結了厚銘兄過去在專欄中的 43 篇文章。書中分為「高等教育篇」、「產業政策篇」、「新南向篇」及「企業經營篇」四個部分。本書涵蓋的範圍除了作者的研究專長如台商新興國家經營策略，以及作者工作的相關問題如 EMBA 教育、學術論文造假外，也包括了很多熱門的議題，如疫苗採購的戰略思維、美中貿易戰下

的全球佈局戰略。本書的內容非常廣泛，作者以自己的學術為本，透過細膩的觀察，做出了深刻分析，對時事提出自己的評論與建議。本書是第一個提出 SSR 概念的書籍，可以做為其他學者未來撰寫「學者社會責任報告書」的參考範本。

**洪茂蔚**
台灣大學國企系講座教授、前金融研訓院董事長

# 管理學者肩負社會議題實踐的重責大任

王紹新

　　本書作者陳厚銘教授從一位學者的視野帶領大家重新省思一位高等教育的知識分子所肩負的社會責任，不僅是專業學術的貢獻，他更應該是「社會議題的實踐者」。

　　本書的內容充分體現陳教授對社會上的諸多議題的關注與投入，同時在不同面向中拓展其影響力：

　　從時間長遠的影響力來說，「高等教育議題」對人才的培育絕對是厚植國家競爭力非常關鍵的一環，高等教育之學術價值的變與不變，如何用更高遠的眼光順應趨勢並引領潮流，這是各界都很關注也不容忽視的重要課題。

　　從國家政策該有的高度看待各項「產業議題」，建議政府可以有更明確的定位思考與策略制定，發展出更適合的產業服務與支持結構，採取更創新的、更具差異化與創新轉型模式，與產業界一齊成長。

　　從「市場的廣度」來看，新南向政策需要有的新思維和新經貿戰略，政府與民間企業除了要瞭解深耕當地市場所必需之種種配套與創新商業模式，熟悉當地消費者行為並重新定義價值主張之外，另外，積極加入區域經濟合作組織之必要性。對此陳教授也都多有呼籲與著墨。

最後從「企業經營管理」的諸多面向談企業內力的磨
練、如何轉型成功的勝利方程式與對外擴張版圖的成功關
鍵。這些是所有企業深入經營都會面對的難題，還好他山
之石可以攻錯，我們也能從中得到不少學習。

陳厚銘教授擔任信邦電子的獨立董事多年，很高興有
這樣一本著作，淬鍊多年在學界與業界的經驗，回到一位
學者與知識份子的初衷，持續發揮社會議題實踐者的影響
力。【孟子・公孫丑上】中有句話：「取諸人以為善，是與人
為善者也。故君子莫大乎與人為善。」陳教授以本書帶領大
家在社會環境的議題中學習，自己學習，向他人學習，更
進一步期待與大家共好、共榮，希望大家不放棄對美好未
來的追求。

**王紹新**
信邦電子創辦人兼董事長、淡江大學第 14 屆董事

# 我對《一個管理學者的社會責任》的鑑賞

任立中

古云「學而優則仕」，囿於知識傳播的侷限性，舊時的知識分子很難發揮廣大的影響力。因此，學者為了實現社會責任，最有效的方式是出仕為官，造福家國。現今社會資訊傳播無遠弗屆，對於追求實踐社會責任的學者而言，出仕已非唯一績優途徑。著書立論亦可達強大撥亂反正、匡時濟世效果。好友厚銘教授行如其名，本「厚生」理念，以大眾福祉為依歸，撰著論世策議之銘文，我冠以「厚生銘文」，其文具備下列三項特質與建樹：

1. 學者必須對於社會上諸多公共議題，以專業的知識、嚴謹的治學態度、對事理內涵的通透力，提供更精準、更具啟發性的獨特見解，達振聲發聵之功效，杜譁眾取寵之謬論。

2. 學者對於任何學術或社會的議題提出看法、觀點、反思或解答，都是一個辯證的過程。因為所有的議題都存在悖論或佯謬之處，唯有透過辯證，才能讓真理浮現。此種辯證的精神與態度正是商管教育中，極為重要的教學方法。

3. 學者身為經師，在授業解惑的職責之外，更重要是展現人師傳道的典範，教化學生正確的人生價值觀，一本良知良能，雖千萬人吾往矣，此即為至高的社會責任。

在學海紅塵中奮鬥近三十年，臨退隱江湖之時，厚銘兄這本「筆下企業管理，劍指現勢時事」的鉅著，再一次為我輩留下明鏡以正身，典範以效法。

**任立中**
國立台北商業大學校長、台灣行銷科學學會理事長

# 善盡學者社會責任，共創企業榮景

陳思寬

　　陳厚銘教授不僅是一位學術地位崇高的管理學教授，更是一位關懷社會，憂心國事的優秀學者。我與陳教授在台灣大學國企系共事多年，深知他不僅對於學術研究持續精進，行有餘力更能將理論應用到企業實務與政府政策上，對於時事提出針貶，以其管理學者的高度，為企業與國家把脈提供建言。

　　本書集結了陳教授過去七年來在媒體專欄中的43篇文章，整理類別為「高等教育篇」、「產業政策篇」、「新南向篇」以及「企業經營篇」等四個部分。陳教授以學者的社會責任（SSR）概念為出發，除了為自己檢視七年來社會責任的實踐績效，也願能與各界先進後學分享經驗、理念，共創企業榮景與社會的進步繁昌。閱讀陳教授這些文章，我們可以清楚地觀察到他對於這片土地的熱愛與憂心，非常令人感佩。在此推薦大家仔細閱讀，一起為這片土地共盡心力。

**陳思寬**
永豐金控董事長、前中華經濟研究院院長

# 提攜後進也是一種學者社會責任

余日新

　　認識陳厚銘教授不算久，27 年！比起他的老師、同學，我們的情誼不算長，但他對我而言，是引導我進入台灣管理學界的老師！1995 年底，我到暨南大學國際企業系給了一個演講，其實根本搞不懂那是 Job Talk。當初從台北買國光號車票時，連埔里不是南投（市）都搞不清楚的我是英國華威大學博士班三年級的學生，利用返台之際看看有沒有畢業後的工作機會，但因為對國內管理學界的陌生，厚銘兄成為我日後有機會進入暨大任教的關鍵人物。

　　我在博士班以前都不曾碰過正規的管理教育，職業生涯會轉到商管領域發展，源自 1991 年在位於新竹的經濟部專業人員訓練中心接受為期半年的國際談判訓練「國際經濟事務班」。第一次讀經濟學（受業於陳添枝教授）、管理學（受業於張光正教授）、還有許多不記得名字的外國教授開的各類管理課、國際政治、國際組織、國際經濟等課程，開啟了我這個工科男進入另外一個世界的門扉，哇～世界上還有比我碩士班以前唸得更有趣的學科？！兩年多後因緣際會地和當年經濟部中央標準局（現智慧財產局）的同事一起到英國華威大學（我當時也搞不清楚商學院那麼威）唸書，種下了跨界商管的種子。

　　1996 年進暨大國企系、2001 年進中興企管系，都有厚銘兄斧鑿斑斑的提攜之恩。厚銘兄 2004 年轉進台大，我常開玩笑因為在中興找不到人聊天，隔一年只好再回山裡去服務了。多年之後，我們也分別進入政府外圍的法人服務，我倆的職涯路徑居然有驚人的相似之處。除了厚銘兄未曾在政府部門任職外，跨界學、研、產成為我倆的共同點。當年在暨大與興大共事期間，一起開課和一起指導研究生，都可以強烈感受厚銘兄提攜我這個商管新鮮人的情義相挺。初到興大企管系任職，就被厚銘兄舉薦給當時薛敬和代理校長，兼任技術授權中心主任，延續我之前智慧財產權和國際技術移轉的經驗，所幸未付所託，幫中興大學奠定了技轉與產學的雄厚根基。

　　或許因為我一出社會就在經濟部所屬單位任職，即便後來轉至學界服務，依舊抱持著經世濟民的入世態度。自揣學術根基不夠深，要在管理學界尋得立足之處，就要發揮自己的優勢，多在產學領域著墨以區隔學術論文的競逐。及至對管理學術有比較多了解後，也開始在媒體上撰文臧否時事，寫起了財金專欄。由於在國家實驗研究院和中衛發展中心接觸太多有趣的科技與產業脈動，很自律地每週撰寫一篇，寫著寫著就集結成冊。連這一點寫產業專欄的行為模式，厚銘兄都是我學習的典範。

　　各位讀者手上的這本《筆下企業管理‧劍指現勢時事：一個管理學者的社會責任》就是厚銘兄社會實踐的明證，除了深澀的學術貢獻外，管理這一門應用科學的工作者可以擁有遼闊的天空，可以用產業界可理解的文字書寫引導產業實務的進步。台灣的產業實踐還欠缺許多本土論述的支撐，需要有更多從台灣業者觀點發展與建構的管理框架，這些工作雖有許多商管教授試著在理論上著墨，但管理更重實踐的本質，有待學者將艱澀的理論轉譯成產業競爭的方法與路徑，更有待從許士軍老師、魏啟林老師這些厚銘兄的師輩大師傳承到厚銘兄這一輩的管理大師，再向下傳承給更年輕的管理學者。除了文字與思想的擴散與影響力之外，剛滿65歲的敬愛兄長若能開設「厚銘塾」繼續將其畢生功力影響下一代學者，將昇華管理學者的社會責任到更高的境界。提攜後進、貢獻產學正是一代管理大師陳厚銘的最佳寫照！

**佘日新**
逢甲大學講座教授、前財團法人中衛發展中心董事長

# 走過學術三部曲的大學問家

洪世章

電影《一代宗師》提到武學之道三境界：見自己，見天地、見眾生。習武之人如此，學者也是一樣。古今中外的大學問家在年輕時，必定關門讀書，專心寫作，等到知識有所養成，就會走出去，跟各門各派宗師互相切磋，從交流中得到成長的機會。等到最後成為真正的大師，就要能夠傳承他人，嘉惠眾生，透過知識來改變世界。

我所認識的陳厚銘教授，就是這樣一位走過三個階段的大學問家。陳教授算是引領台灣國際企業研究的開創型人物，1990 年代晚期至 2000 年代早期，當台灣許多管理學者都還在汲汲營營追逐名利時，陳教授是極少數真正能夠專心讀書做學問的管理學者。後來他有機會擔任許多行政服務工作，也都能做得虎虎生風，是學界非常難得看到的，真正具有商業頭腦與社交手腕的一等一人才。更難得的是，過去幾年間，陳教授常在報章雜誌發表評論，或許有著深厚的研究功底，這些文章讀起來總能讓人感到發人深省，久久不能忘懷。這本書集結的就是 43 篇陳教授的評論文章，相信讀者必定能夠從其中感受到陳教授滿滿的智慧，以及謙沖自牧、關心大眾的文人情懷。

洪世章
國立清華大學科技管理研究所講座教授

時代的巨輪不斷地向前推進，近年來 CSR（Corporate Social Responsibility）、ESG（Environmental、Social、Governance）、SDGS（Sustainable Development Goals）已蔚為世界潮流，國際企業重視的顯學，亦是企業經營不可迴避的挑戰。經營卓越的公司進而重視「企業承諾」，將 SROI（Social Return on Investment）用來評估 CSR 效益，讓 CSR 可以量化追蹤與管理。而另一方面，世界各知名大學亦陸續將「大學的社會責任」列為校務發展的主要項目，並積極推動 USR（University Social Responsibility），彰顯學術界對社會責任的重視。

我是台大管理學院的校友，與陳厚銘教授相識多年，陳教授是管理學界的知名學者，並曾任台灣商業研究院院長，在產、學界聲望崇隆。欣聞陳教授將歷年來發表的論述，梳理集結成冊，以「一個管理學者的社會責任」出版，俾能對產、官、學界提供先進的見解，期使台灣經濟與產業發展能更向上提升。

頃閱拜讀，敬佩陳教授的高瞻遠矚與畢生治學不懈的精神，這本書讓身為企業的管理者深感共鳴，獲益良多。

——**周筱玲** 元大期貨副董事長兼任元大金控法金執行長

　　厚銘兄勇於針砭時事，本書中的「高等教育篇」，當時背景正值台大校長爭議，政治力介入。厚銘兄的文章除了直指問題之外，也對大學教育的改革，特別是對學術造假，以及EMBA教育的發展提出建言，而這兩個問題在近來也成為討論的焦點，由此可見此書的前瞻性。

　　在「產業政策篇」中，對於台灣產業發展的方向，有很深刻的描述。由出口結構變化趨勢、中國大陸市場定位、品牌建立、服務業發展藍圖，以及如何因應新發展脈動，建構高科技產業，都有很深刻的描述。在「新南向政策篇」，基於過去對海外台商深厚的研究基礎，對新南向政策的推動，提出非常多的建議，以避免淪為口號。在「企業經營篇」中，除了對企業的經營轉型有非常深刻的描述外，亦提出很多具有啟發性的企業個案。

　　此書寫作的背景，是在 2015 年之後，也大約是國內外環境開始發生劇烈變化之時，文章中不僅有分析變局，更提出因應，值得仔細閱讀。

　　　——**劉大年** 中華經濟研究院區域發展研究中心主任、前總統府國
　　　　　安會副秘書長

　　個人一直非常敬佩厚銘教授在管理領域的學術成就，不但在國際企業領域的頂尖期刊上有多篇大作，持續熱衷於學術研究，更在管理社群中樂於提攜後進。在當前研究型大學教授受制於以學術著作表現作為考評依據的氛圍，多數學者已無餘力關切實務與政策議題之際，厚銘教授卻仍能扮演學者為文論政，督促執政者善盡職責，以及促使政府與社會進步的重要角色。欣聞厚銘教授將 2015 年迄今所撰寫的 43 篇時事評論文章，編印成書。書中分為「高等教育篇」、「產業政策篇」、「新南向篇」以及「企業經營篇」等四個部分，各自包含多篇相關主題的精闢見解，除了針貶時政，更多的是提供建言，讓政府與企業的佈局更切合國家社會發展需要。

　　從教育的提升到經濟發展、企業升級轉型，未來的路跟過去一樣難走。我們社會不僅需要能「學以致用及用以致學」的學者，更需要像厚銘教授——勇敢承擔、能用嚴謹證據與推論服人的學者。

——**吳學良** 台灣大學國企系特聘教授

　　結識厚銘師是在 2006 年敏盛醫療體系啟動轉型升級之始，他長時間擔任盛弘和敏成公司獨董，持續指導集團的發展。他是我的良師益友，更是我們企業的教練和導師。這本巨作集結了厚銘師治學的精華和人生智慧，以管理學者的社會責任為題，詳實地闡述了高等教育，產業政策，國際發展，以及企業經營四大面向的理論與實踐。細讀本書每一篇文章，無不感受到作者的精闢論理和語重心長，確切地反映了一個學者所承擔的社會責任。我們同樣作為知識分子，理應仿效，而具體的實踐方式，就是從詳讀本書開始！

　　——**楊弘仁** 敏盛醫療體系執行長


　　「如何面對不確定性的未來，帶領企業往前走，是 CEO 最大的職責與挑戰」，此為厚銘老師的名句。厚銘教授是我台大 EMBA 的師長，學問淵博，執行力高，屬於行動派的學者。欣聞厚銘老師將這七年來所撰寫的 43 篇時事評論文章，編印成書。書中分別針對台灣高等教育、產業政策、國際化布局，以及企業經營提出建言，道盡知識份子的良知，實令人欽佩。特此推薦！

　　——**張嘉玲** 鉅霖國際董事長

　　這是一本史詩級的巨著，回顧和討論了近幾年台灣核心產業在全球的定位及策略微妙的轉變，並為目前處於尷尬地緣政治及新科技衝擊的台灣把脈。字裡行間更涓涓流露出一位高瞻遠矚的國際政經觀察家、策略家和教育家對政府及民眾的殷切叮嚀和建言，可以清楚看到一位管理學大師在社會責任上最好的實踐歷程和軌跡。

　　本書集結了陳厚銘教授多年來的四十餘篇論述編輯而成，該書深入探討近年來台灣發生的數十個重要議題。而至今發展的情勢，更無疑印證了諸多文中所提及的解決方案和建議。

　　本書文字優美暢順，在嚴謹的論述中亦可偶拾厚銘教授的幽默和赤子之心。他用學術專業，從不同角度，對政府施政、產業發展、企業管理，以及高等教育提出建言，善盡一位學者的社會責任，令人感佩。

——**林霖** 前國立暨南國際大學管理學院院長

　　我跟陳厚銘教授結緣自台大 EMBA（我都稱他「銘師」），畢業後他是我攻讀博士學位的推薦人，一路上也在企業董事會上合作多年，我從他身上學習很多，尤其是對社會責任的倡議，對「貢獻所學、善盡一份知識分子的責任」更是始終如一，堅持踏實的實踐。

　　《筆下企業管理・劍指現勢時事：一個管理學者的社會責任》是集結了陳厚銘教授多年來的四十三篇論述編輯而成，本書由四個部分組成，如同大廟中的四個頂樑柱，透過專業學術的基礎，提出社會實踐的主張，進而成為影響員工、專業經理人，乃至於企業主的省思與價值使命，著實發揮了「一位管理學者的社會責任」。

　　閱讀此書深刻感受「銘師」關懷這片土地的熱愛與憂心，為管理學者的社會責任立下最佳典範。期待銘師未來能繼續不斷地「關懷社會，以筆為劍」，驅策政府及企業界，共善社會。

——**林益全** 度金針資本創始合夥人、華崴國際有限公司董事長

　　身為連鎖企業的創辦者，在台大EMBA學習，在善緣中遇見良師陳厚銘教授。難忘海外商業考察、產學參訪交流、經濟論壇與談判管理等，教授聚焦產經議題，是兼備專業學術型、社會實踐型的雙料學者。

　　品牌行銷與國際企業管理是厚銘教授的專業，書中著墨甚深，在第四部「企業經營篇」的文章達14篇之多，為全書之最，納入許多個案，提供不同觀點與思維，以及問題的解方，有助企業家精益求精。對我來說，也最有感，有如錦囊，能達「對症下藥」之效。

　　厚銘教授對產業界貢獻良多，能洞察時事，精闢分析，見解獨特，更重要的是，善用管理領域的專業導出箇中精隨，實屬可貴！

　　——**林雪惠** 芬妮珠寶連鎖企業創辦人

　　陳厚銘教授是台大管院名師當中，一位典型務實求是的學者，不僅學術淵博，更是「社會實踐型」的學者。多年來，無論在課堂或日常之中，都能感受厚銘教授對學術研究的熱情，對企業管理的深入，以及對公共事務的關懷，更難得的是，厚銘教授總能將理論與實務充分結合，再以深入淺出，嚴謹不失幽默的口吻，提出他對時局的觀察與解方。

　　這本書集結了 2015 到 2022 這七年來陳老師在報章專欄中的 43 篇經典文章，相信讀者不僅能一次學習及掌握台灣近二十年來高等教育、產業政策、國際佈局與企業經營的趨勢，更能充分感受一位管理學大師以筆為劍的自我期許，精準地給出建言與對策，展現學者至高的社會責任典範。這絕對是一本接地氣，務實求是的好書，值得推薦給大家分享！

──**孫正大** 台北市台大校友會執行長、中華民國中東經貿協會理事長
**侯西泉** 漢來大飯店董事長、台大 EMBA 國企學會會長
**蘇哲生** 和宏投資董事長

自序 1

推薦序 5

各界推薦 32

# PART 1　高等教育篇　　44

*01* 台灣 EMBA教育 20 年的省思與挑戰 47

*02* 大數據淘金潮 首重人才培育 53

*03* 當學術變騙術 57

*04* 台大新校長的難題與責任 61

*05* 台灣高教國際競爭力衰退之困境與省思 65

*06* 台大新校長遴選的爭議與省思 71

*07* 低碳轉型與人才培育 77

*08* 芬蘭的小國創新—沒有壞的天氣，只有穿錯衣服 83

*09* 瑞典的小國創新—無論你轉身多少次，你的屁股
還是在你後面 99

*10* 丹麥的小國創新—不管鳥兒飛得多高，它總得在
地上尋找食物 113

# PART 2　產業政策篇　128

*11* 出口衰退有何良方？　131

*12* 年金改革的迷思：猛降所得替代率 人才恐將流失　137

*13* 正確瞭解與理性因應中國大陸的崛起　141

*14* 產業控股開拓台灣西藥市場最佳經營模式　145

*15* 如何打造台灣服務業新藍圖　151

*16* 低接觸經濟時代的經營模式與戰略　157

*17* 智慧經濟下的台灣產業發展　163

*18* 疫苗採購與布局　167

*19* 疫苗採購的戰略思維　173

*20* 供應鏈重組與台灣因應之道　177

*21* 元宇宙的發展與挑戰　181

*22* NFT 的另類應用：打一場新型態選戰　187

*23* 綠色轉型與台灣經濟遠景　193

## PART 3　新南向篇　　　　　198

*24* 新南向政策 真的可以為台灣殺出一條活路嗎？　201

*25* 前進印度市場台商如何破繭而出？　207

*26* 以大戰略與創新運營模式 導引新南向政策　213

*27* 消費者洞察與政策新思維是拓展印度市場的金鑰匙　219

*28* 書楚語、作楚聲，在地深耕才能翻轉新南向　225

*29* 新興市場是台商建立及發展品牌的實踐基地　231


## PART 4　企業經營篇　　　　　238

*30* 國際併購是否為台商轉型重生的良方？　241

*31* 海爾運營的關鍵密碼　247

*32* 他山之石：中國傑出企業家的經營決勝之道　253

*33* 家業傳承與企業轉型經營　259

*34* 新價值網路下的台灣企業成長戰略　265

*35* 傑出華人企業家的管理思維與經營之道　271

*36* 美中貿易戰下的台商全球布局戰略　　　　277

*37* 台商國際經營的新思維與戰略　　　　283

*38* 論華航的更名與經營困境　　　　289

*39* 後疫情時代的台商戰略　　　　295

*40* 組織敏捷性是企業轉型變革的關鍵　　　　301

*41* 新地緣政治風險下的台商經營布局　　　　305

*42* 台灣企業轉型成功的勝利方程式　　　　309

*43* 「與疫共存」工作模式的轉型與發展　　　　313

**結語　管理學者入世研究的重要性**　　　　317

# PART 1 高等教育篇

45

# 01

台灣 EMBA 教育 20 年的省思
與挑戰

台灣 EMBA 教育發展至今已邁入第 20 個年頭，台大 EMBA 正歡欣鼓舞的慶祝 20 歲生日，一連串慶典系列活動熱鬧展開，包括論壇、運動賽事、以及大型慶祝晚宴。20 年來台大已累聚了 3,000 位 EMBA 校友，這些校友是台大的資產，也是社會的期望，期望他們對台灣經濟能有卓越的貢獻。

然而在台灣正面臨產業轉型升級的挑戰，出口連 15 黑已創下台灣歷史最長衰退紀錄的當下，這些 EMBA 菁英們並沒有充分發揮提升效益，著實有些糟蹋了這個菁英薈萃的平台。

因此，中華談判管理學會與台大全球品牌與行銷研究中心近日在台大管理學院聯合舉辦「台灣 EMBA 教育的省思與挑戰」論壇，深入探討這 20 年來台灣 EMBA 教育的成長歷程與遭遇的困境，並思考台灣未來 EMBA 教育的政策發展方向。論壇由台大會計系名譽教授蔡揚宗主持，政治大學科管與智財所溫肇東教授和筆者擔任主講。

論壇中，溫肇東教授引用管理大師 Mintzberg 教授批評哈佛大學「用錯的方式，錯的內容，給錯的人」來評論目前台灣的 EMBA教育，思索應該培養 EMBA學員的技能還是態度。他指出「戒慎現況（fear the known）」、「管理不確定的未來」，是領導者必須具備的本事，可惜台灣 EMBA教育正好較缺乏這項課程的提供與設計。筆者亦針對 EMBA應該「培養未來產業領導人」或是「教育現下產業領導人」進行分析，以為總裁和高階經理人的需求與訓練必須是不一樣的，目前中國大陸中歐國際工商學院依照不同背景的 EMBA學員設計具客製化的課程，便是較優的他山之石。

2015 年《Cheers 雜誌》曾針對台灣 3000 大企業經理人進行「EMBA就讀動機調查」，結果發現前兩名是「學習不同領域的運作與新發展」和「建立人脈」，分別為 77% 及 74%。這正可以解釋為何現今台灣 EMBA活動大部分是以打球、聚餐等休閒娛樂活動為主，而產業論壇與知識活動比例相對不足的原因。

EMBA進修成效一直被廣泛討論，有些負面個案還被拿來以放大鏡檢視。最近EMBA更流傳著「四不一沒有」的說法—不要相信老師、不要相信課本、不要相信同學、不要相信自己；管理的最高境界是沒有管理，無招勝有招。

其實有不少企業主或高階經理人就讀EMBA後，創造了他們事業的高峰。尤其是企業家第二代，藉由EMBA平台吸收管理新知、建立廣大的人脈關係，對擴展他們的事業版圖頗有幫助。一般而言，就讀EMBA不單只是「學習不同領域的運作與新發展」和「建立人脈」，更重要的是學習如何領導統御，如何治理公司、管理不確定的未來，並善盡社會責任。

筆者觀察，各校的高階經理人就讀EMBA後的事業發展情況不盡相同。以中興大學EMBA為例，大部分的高階經理人修讀EMBA期間或畢業後，都留在原來的公司工作，並且快速獲得升遷機會；而到台灣大學就讀EMBA的學員，有頗大比例在就讀期間或畢業後，即離開原職轉業或自行創業。

當前台灣 EMBA 教育正遭逢招生生源不足、國際化困難，且又缺乏足夠的本土經典教材等困境；EMBA 課程與台灣產業的連結度不夠，沒有精準型塑台灣的在地化特色，也缺乏明確的教育中心思想與願景。就讀 EMBA 對事業營運績效的因果關係雖然難以衡量，但是對新知識的取得以及如何找到解決問題的方法是有幫助的。

在台灣 EMBA 教育邁入第 20 個年頭的今日，讓我們一起努力與反思，為台灣經濟起飛與轉型重生找尋 Total Solution，找尋台灣 EMBA 教育的根本之道，擴大 EMBA 管理教育的社會影響力，共創價值、共善社會。

台灣加油！

（本文原刊登於 2016 年 5 月 25 日《工商時報》）

# 02

大數據淘金潮
首重人才培育

「大數據」於當今社會的重要性與對產業的影響力，已不可言喻。美國歐巴馬政府將「大數據」視為「21世紀的新石油」，是「挖不完的金礦」。《大數據》作者麥爾荀伯格教授更將「大數據」看成是未來企業除了人才與設備、土地外，最重要的生產要素。《經濟學人》也認為「大數據」會「比你更了解你自己」。在日本，軟銀機器人 Pepper 透過大數據的分析，能夠辨識顧客表情，與人開心互動交談。因此有些人將「大數據」譬喻為舊時的指南針，現代的望遠鏡與雷達，能幫助企業掌舵，激發各種創新、創意、與創價的可能，從而創造出更多商機與成功的機會。

「大數據」擁有巨量性（Volume）、即時性（Velocity）、多樣性（Variety）以及不確定性（Veracity）等 4V 屬性。數據的「大」與「多」並不重要，端看如何精煉與應用，從 4V 的特性中萃取其價值。「大數據」開闢了新境界，轉變人們對世界的基本理解，環看周遭發生的大變化，就會知道這場巨量資料革命已然開始。企業如果想要保持領先地位，確定未來的商業模式如何改變，決策者必須站在這「大數據」的浪頭

上，樂觀而務實的看待資料革命，因應新局並有效掌握該淘金密碼，挖掘這龐大潛藏的價值。

「大數據」的應用是跨領域連結的，無遠弗屆。最近非常火紅的寶可夢（Pokemon GO）尋寶遊戲，帶動了擴增實境、遊戲、文創、以及穿戴裝置等相關產業商機，將地理大數據的應用發揮到極致，創造出新的「寶可夢經濟學」。另外伊波拉疫情擴散的監控、PM2.5 的空汙感測、交通流量的管控、商情分析與服務系統的建立等，都是地理大數據應用的典範案例。

「大數據」應用的範圍越來越廣泛，包括醫療產業、會計服務業、農業、以及交通服務業等產業。例如，醫院利用醫療大數據，可進行疫情和健康趨勢分析、強化醫學研發與用藥精準醫療等功能；Deloitte 透過會計大數據，能有效降低專案承接風險，並利用「審計雲」以及班佛定律和視覺化分析，可成功提高審計績效；John Deere 在 IBM 大數據平台系統支援下，分析天氣資料（如溫度、濕度）以及土壤資

料（如酸鹼度、特殊元素濃度），預測不同時間點應使用的水量、種子與化肥，幫助農民規劃最適當的農耕路徑和灌溉方式，從而節省農機油耗和灌溉用水，就是最佳的農業大數據成功應用；Oli 無人駕駛迷你公車可配備人工智慧列車長，與乘客交談並建議乘客的最佳用餐地點及觀光景點，最後 Oli 載乘客到最近的捷運站，便是交通服務大數據最佳的應用典範。

在互聯網數位時代，已經沒有任何秘密，所有的訪客資料、行為路徑、流量來源等網站數據，都能被一一記錄。「大數據」的價值與重要性眾所皆知，但大都坐擁礦山而挖不到金礦，鮮少會有人真正從「大數據」中尋找出商業價值，並加以優化調整，找到創新的商業模式。因此如何因應市場需求，積極培育「大數據」數位人才，乃為當務之急。臺灣「大數據」發展起步較晚，又沒有完整的「大數據」戰略與政策，政府宜儘快研擬一套全方位的「大數據」數位人才培育計畫，以迎接「大數據」時代的來臨。

（本文原刊登於 2016 年 8 月 31 日《工商時報》）

一個管理學者的社會責任

# 03

當學術變騙術

台灣大學對震驚學術界的論文造假案所進行的調查結果日前終於出爐。郭明良團隊論文造假案已重創台灣國際學術聲譽，最近美國微生物學會出版的 mBio 期刊上的一篇文章，即把台灣與中國、印度列為 3 大「爭議論文偏高的國家」，曾幾何時台灣已淪為「學術詐騙王國」。

個人認為這次台大論文造假調查案的影響至少包括兩個層面。一是對學術倫理案件審查的認定標準以及論文發表潛規則的改變，二是對台灣大學學術地位與生態的影響。

首先，郭明良團隊論文造假案堪稱是台灣史上最大的論文造假案，除了牽連人數最多、歷程最久、造假篇數最多外，所涉及的層級也最高。為了釐清共同作者的學術倫理責任，調查委員會提出「合宜共同作者」的解釋：若非第一作者或通訊作者，只要證明本人對論文有貢獻，而且所貢獻的資訊或研究確實，便不違反學術倫理，造假責任由造假個人或第一作者及通訊作者負責。

然而，「合宜共同作者」的解釋僅僅是釐清造假責任的消極作法，對遏止論文造假並沒有實質幫助，反而因為沒有彼此交互核對，增加違反學術倫理的機會。坊間更有揶揄之說，以為學術論文寫作必教「合宜」。因此，教育部及科技部應該全面檢討論文造假的根源，提出有效的「完全解決方案」，而不是頭痛醫頭，腳痛醫腳，僅針對造假個案提出權宜的解釋或措施，這並不是根本解決之道。

其次，台灣大學經過此案，學術聲譽已受到嚴重傷害，學術龍頭地位也受到挑戰，再不痛定思痛，校內學術優秀人才可能會失望而遠走海外或其他國內大學，如新近即有 33 位台大醫院醫生與教授轉任輔仁大學，台大人才的流失正將開始。

此刻，我們最期待、最關心的是台灣大學的領導人如何盡快塑造一個嶄新、有希望的教學與學術研究環境，再度帶領台大在世界學術舞台上競賽，重新擦亮台灣大學的金鑽招牌。

（本文原刊登於 2017 年 2 月 28 日《中國時報》）

# 04

## 台大新校長的難題與責任

日前「中國新歌聲」到台大辦活動，因運動跑道受損，影響學生上課權益，以及校名被矮化等爭議，最後演變成學生流血衝突事件，台大的校園安全與危機處理能力因此再度受到質疑。該事件除了彰顯台大場地租借作業流程的審核與管理不盡完善外，同時突顯國立大學在補助縮減財務吃緊，而需自籌經費以增加收入的壓力下，過度商業化而失去大學教育之本質。

現在正值台大校長改選之際，校園安全、危機處理能力勢必要成為各校長候選人的重要政見與關心課題，並且要確實檢討與規範校園裡的商業營運模式。

又前此，郭明良研究團隊的論文造假案，重創了台大形象及聲譽，前校長楊泮池因而宣布不續任，師生也士氣低落，失卻往昔的信心與榮光，加以研究經費受限日益，對國際競爭力排名逐年下降的趨勢更無能為力，對未來難有太大的憧憬和期許。

*一個管理學者的社會責任*

台大至今經歷了三次的民選校長洗禮，其中有兩位校長來自醫學院，一位來自電機資訊學院。對以理工醫為主體的國立研究型大學而言，民選校長來自人文社會科學專長的候選人的機會微乎其微，而論文造假案的衝擊讓大家重新思考大學校長的職能與應具備條件，也給了不同專長背景的豪儒俊彥投入參選，施展抱負的想像空間。這次有意競逐校長的候選人名單，人文社會專長的候選人比例大幅增加，著實令人期待是台灣大學可以由不同視野，重新出發的契機。

提供優良的教學與研究環境，是未來新校長非常重要的任務。新校長必須有千方百計吸引各方人才任教台大的能力，並且有留住校內優秀人才的用心，擔負帶領全校師生在世界舞台競賽，再擦亮「台灣大學」金鑽招牌的重責大任。因此，具備相當的國際聲望與國際學術地位，擁有宏大的願景與領導力是必要條件。楊祖佑院士在 1998 年至 2004 年短短 7 年校長任內，將加州大學聖塔芭芭拉分校治

**04 台大新校長的難題與責任**

理得有聲有色，大幅提升聖塔芭芭拉分校的知名度及學術地位，讓該校一躍成為世界領先大學，此成功的治理（校）模式便是現階段台灣大學最佳的標竿學習典範。

美國作家威廉沃德曾說：「悲觀者抱怨風向，樂觀者期待風向改變，務實的人調整船帆。」今日，台灣大學已經到調整船帆的時刻了，希望有志之士一起努力，找回傅斯年校長當年勉勵台大師生的「貢獻這所大學于宇宙的精神」，振興台大，振興台灣！

（本文原刊登於 2017 年 9 月 29 日《筆震》）

一個管理學者的社會責任

# 05

## 台灣高教國際競爭力衰退之困境與省思

成為「華人頂尖，世界一流」的大學，一直是台灣各頂大追求努力的目標。然而台灣高教的世界排名卻逐年衰退，英國泰晤士報公布 2017 至 2018 年全球最佳大學排名，台大跌至 198 名，再創新低。清華大學的全球排名也從去年的 251 至 300 區間、降至 301 至 350 區間，交通大學及台灣科技大學都在 400 名之外。而鄰近的新加坡大學排名 22，香港大學排名 40，東京大學 46，首爾大學 74，中國大陸也有 7 所大學排進前 200 名，其中北京大學位居 27 名，清華大學位居 30 名。台灣整體高教的國際競爭力和「頂尖」距離越來越遠，實在令人憂心。

國際化是台灣高教最弱的一環，也是全球排名衰退的主要關鍵。台灣高教要打國際盃，須先從整頓高教著手，各大學需要有魄力有理想，銳意改變現況的校長。卓越領導人是組織競爭力關鍵的鑰鎖，有優秀的領導人可以在貧瘠中創造資源，突破困境；有具備國際學術聲望與地位，遠大胸懷與願景的校長，就有機會創造世界級的大學。

*一個管理學者的社會責任*

香港、新加坡與韓國等知名大學，校長的聘任除了彈性用人制度外，採用「非民主」遴選制度，甚至利用獵人頭公司，到全世界尋找人才。台灣的現行體制，大學校長人選難以跨出國界，遴選委員會的功能傾向「接受推薦」，而非主動尋找人才，校長候選人還必須投注心力在取悅有投票權的教師代表與競選事務上，讓一些頂尖人才或有不願意從事而卻步，高教因此喪失網羅世界級人選的機會。過去即曾有國外知名大學校長資歷以及世界頂尖學者有意競逐台灣大學校長一職，最後都被繁雜的行政手續，及所謂「民主」的遴選法規限制，無奈選擇退出或不參選。台灣各大學想要聘請世界級頂尖人才領導校務升級，強化與世界各知名大學接軌，提高台灣整體高教的國際競爭力，勢必須徹底翻修相關的大學校長遴選辦法。

再者，巧婦難為無米炊，有優秀的領導人，也要有充分的資源。拓展國際競爭力需要有經費預算，然而即使是台灣大學一年獲得的經費也只有約 160 億台幣，是中國北京大

學及清華大學的五分之一到六分之一。經費不足，難以建構優良的研究環境，吸引優秀的師資及研究生留下來做研究，學術成就自然不容易與世界一流大學競爭。近幾年，中國、香港和新加坡等國家地區的頂級大學排名都持續攀升，其高水準教育資金的投入是重要因素。

除了經費之外，法令及官僚體制問題也影響大學的國際競爭。例如，台大為配合政府新南向政策，與泰國教育部簽妥意向書，計畫在海外設置分支機構，但政府部門層層審核，手續複雜繁瑣，資金方面也受到相當限制，因此進程緩慢不知期。又依現行《專科以上學校開設境外專班申請及審查作業要點》，台灣境外專班招生對象受到限制，例如陸生即無法招收，一定程度影響了台灣高教海外招生的規模與進度。

台灣至今尚沒有一所世界頂尖大學前來設立分校，也鮮少與國外一流大學設立「合作課程」（joint programs）或「雙學位課程」（dual degree）；國外知名大學教授來台任教或交換

的次數比例不高，國外優秀學生來台就讀或交換的人數也不理想。高教國際化落後香港、新加坡許多，最主要的原因就是現行法規已經不符合時代需要。所幸行政院賴清德院長日前已指示教育部全面研究法規鬆綁，但台灣高教國際化刻不容緩，制度法規的應時更新或調整鬆綁腳步應該更加飛快。

（本文原刊登於 2017 年 10 月 27 日《筆震》）

# 06

台大新校長遴選的爭議與省思

台大校長遴選爭議事件延燒數月，不僅重創台灣大學領頭羊地位，更讓台灣內爆逼近臨界點，台大與教育部雙方都受重傷，發展至今只剩下下列三項解決方案：

1. 教育部依台大臨時校務會議決議，同意儘速發給管中閔校長聘書。

2. 台大校長當選人管中閔教授主動拒絕就任台大校長，或促請台大遴委會重啟遴選程序。

3. 台大或管中閔教授上法院尋求救濟，並透過法律解決爭議。

前二種解決方案被採用的可能性不高，除非雙方都能領略所羅門王的智慧，展現「真媽媽」的胸懷，放棄爭議，保全台大，保全台灣高教。但想要倚仗「權力傲慢」的教育部同意頒發管中閔校長聘書是緣木求魚，而要求「任他強橫，依舊清風拂山，明月映江」的管中閔教授主動拒絕就任台大校長，則是強人所難，對當事人也不公平。最後是採取第三

一個管理學者的社會責任

途徑，也是最差的解決方法，曠日廢時，卻似乎是最不得不的選擇。誠如法務部長邱太三所說，「大學法」如果對校長遴聘規範得不清楚而有爭議，就應至法院尋求解決之道。況且當事人本來就有權利透過法律尋求救濟。

遴選伊始，引頸企盼由幾位豪儒俊彥的候選人中，終能競擇出具備國際學術地位與聲望，有魄力及遠大願景的校長，帶領台大躋身世界級大學行列，遴選結果的發展真是始料未及。

遴選爭議延燒數月無法止熄，個人以為教育部應負大部分責任。在爭議發生之初，無法當機立斷，明確指出任何校長遴選過程的瑕疵，也不敢正面主張教育部對國立大學新任校長有絕對的聘任權，失去主導先機，以致一發不可收拾。

此外，從「卡管」到「拔管」，訴求內容渾沌，一日數變，從獨董揭露、利益迴避、論文抄襲、到違法兼職、兼課等指陳，不是查無實證，就是小題大做，尤其是幾乎舉一政府

之力，大張旗鼓召開跨部會議，咄咄追查管中閔是否違法赴中國兼課，結果查無明確證據，最後又落回台哥大獨董以及利益迴避的議題上，白白耗費三個多月的時間。

這樣的作為讓大部分台大師生以及民眾對「卡管」有先射箭再畫靶，羅織罪名的不良印象，也使得整個爭議事件越演越烈，不僅引發政治角力，更讓台灣社會嚴重撕裂，讓許多社會賢達擔憂這場爭議很有可能會拖垮整個台大與高教體系。

教育是百年大計，是國家未來競爭力的指標，台大校長遴選爭議不應再耗時延宕，影響台灣高教的整體發展，更不該在爭議論述過程中，法治與程序問責被誤用與濫用，走向民主衰敗。台灣在民主實踐的過程中，應不斷的反省、學習與再調整，避免雙方各持己見並無限上綱據以力爭，衍成雙輸的難解僵局，著實具現法蘭西斯・福山（Francis Fukuyama）所謂的民主政治崩壞（political decay）的慘烈。檢視現況，台大以「大學自治」、「大學自主」為訴求，希望

一個管理學者的社會責任

獨立自主遴選出自己的校長，而教育部則主張對公立大學校長有聘用及准駁的權力。此爭執事件雖然賠上昂貴的社會成本，但如果可以藉此機會釐清大學自主的範圍，檢討過去制度的缺漏，修訂合宜的大學校長遴委會組成及遴選制度，完備教師兼任獨董及產學合作辦法，以及訂定明確的兼職兼課相關規定，讓程序更清楚週延，便也算是一件正向彌補。

政府的責任就是解決問題，而非製造問題。二年前蔡英文總統擘畫其治國理念時，宣示民進黨執政將是一個「史上最會溝通的政府」，會以「謙卑、謙卑、再謙卑」的態度傾聽人民的聲音。針對台大校長遴選的爭議，誠摯的希望蔡政府能一本初衷以謙卑及智慧來化解僵局。

（本文原刊登於 2018 年 5 月 22 日《筆震》）

# 07

## 低碳轉型與人才培育

世界經濟論壇（WEF）今年 1 月公布的「2022 年全球風險報告」中，氣候變遷被列為 10 年內地球將面臨的最大威脅，國際間因此掀起一波環境永續「淨零排放」風潮，陸續已有 136 個國家宣示於 2050 年達成「淨零排放」目標。臺灣也於今年 3 月 30 日，由行政院國發會提出了第一版的「臺灣 2050 淨零排放路徑及策略總說明」，提供至 2050 年「淨零排放」的軌跡與行動路徑，引導臺灣產業綠色轉型，期以帶動新一波經濟成長。

「淨零排放」的目標在使所有導致地球暖化的溫室氣體排放量和減低量正負相抵，達成平衡。所謂溫室氣體常見的有水蒸氣、二氧化碳、甲烷、氧化亞氮、氟氯碳化物和臭氧等等，其中二氧化碳歷年在各國排放量都占最大比率。依據環保署 2021 年出版「國家溫室氣體排放清冊報告」，2019 年臺灣二氧化碳排放量即占比達 95.28%，因此透過植樹造林的碳匯以及使用再生能源所累積的減碳量相互抵換，使二氧化碳淨排放量為零的「碳中和」，成為實現「淨零排放」的基礎與重中之重的工作。

行政院為了落實 2050「淨零排放」，首先由國發會推出 12 項關鍵策略，再由各部會進行細部規劃。目前，金管會已經啟動「上市櫃公司永續發展路徑圖」，要求全體上市櫃公司於 2027 年完成溫室氣體盤查，2029 年實現溫室氣體查證。金管會將依不同的資本額，分三階段強制上市櫃公司揭露其相關碳盤查資訊，促使企業「低碳轉型」。

臺灣企業在全球產業供應鏈中占有重要席位，但今後若不能滿足品牌商對低碳排放的要求，恐怕無法繼續維持或打入新的國際供應鏈體系，影響可能擴及其在臺灣的所有利害關係人企業，甚至傷及整個產業，拖累整體臺灣 GDP 的成長。綠色減碳管理將不再只是企業形象的表徵，而是企業能否永續經營的關鍵，其重要性已由「最好能擁有（nice to have）」轉變為「必須能做到（must）」。

檢視臺灣，龍頭企業已經開始帶頭進行低碳轉型。例如，中鋼自行規劃「碳中和」路徑，以 2018 年為基準逐年減碳，預計 2025 年減碳 7%、2030 年減碳 22%，2050 年完成指標

「碳中和」。信義房屋則斥資 14 億元買下馬來西亞沙巴附近的「環灘島」，並和沙巴大學合作推動生態復育計畫，共同開發「藍碳」生態系，將打造「環灘島」成為「零碳島」。台達電承諾了在 2030 年達成全球廠辦 100% 使用再生能源以及「碳中和」，是臺灣首家承諾於 2030 年達到 RE100（100% Renewable Energy）目標的高科技企業。台積電則已規範旗下 700 多家供應鏈廠商，必須於 2030 年以前完成減碳 20%，否則無法被列入採購供應商名單之中，是全球第一家要求其供應商減碳的半導體廠商。

「低碳轉型」是企業永續的必經之路，臺灣企業應更積極強化全員低碳意識，擘畫短中長期的永續發展藍圖，先期設定「碳中和」與「淨零排放」目標，然後規劃減碳路徑，建立綠色競爭力。

目前多所大學也陸續設置了「碳中和學院」、「綠色管理高等研究院」，以及「環境永續研究中心」等單位，著力於綠色永續相關議題研究。然而，臺灣普遍缺乏碳足跡盤查與永續

發展人才，需要產、學、研等機構，多方合力培育。短期間可以透過企業顧問公司、相關產業學院以及研究機構開設培訓班應急，中長期仍需仰賴高教體系的扎根教育，例如成立「數位碳管理產業碩士專班」或「低碳管理學程」等，充分融入氣候變遷、綠色經濟學、綠色供應鏈管理、永續發展、綠色稽核、綠色金融與會計等課程，將可以有系統的為環境永續「淨零排放」工程培育出專業低碳管理與永續發展「綠領」人才。

（本文與臺北商業大學校長任立中合著，原刊登於2022年7月25日《工商時報》）

# *08*

## 芬蘭的小國創新——
## 沒有壞的天氣，只有穿錯衣服

「沒有壞的天氣，只有穿錯衣服。」這是一句芬蘭諺語，反映了芬蘭人的民族個性與適應能力。對芬蘭人而言，無論在冬季的暴風雪天，還是在 1 月份陽光明媚的零下 30 度冰冷天候，只要穿著合宜，天天都是好天氣。芬蘭在寒冷的氣候以及極端的日照變化中尋找最佳的生存策略，同樣也反映在全國人口只有 540 萬人口的國際關係與產業發展之上。

### 芬蘭人如何在惡劣的國際關係中，穿對衣服？

先來談談芬蘭與隔壁俄羅斯大哥如何保持國際關係。過去數百年以來，芬蘭一直是瑞典王國的東部領土，曾被瑞典統治超過 600 年（1155～1808 年），國家文化深受瑞典的影響。例如，瑞典語是芬蘭的第二語文，走在芬蘭的街道上，可以見到頗多標示皆以芬蘭、瑞典兩種語文並呈。1809 年俄羅斯與瑞典爆發了「芬蘭戰爭」，俄羅斯獲勝並從瑞典手中取得了大片的芬蘭領土做為賠償，芬蘭因而成為了沙皇統治下的一個大公國，又受控制將近 100 多年（1809～1917 年）。之後，隨著俄國爆發了十月革命，芬蘭

才於 1917 年 12 月 6 日宣布獨立，脫離俄羅斯帝國的統治。

芬蘭因與俄羅斯比鄰邊界長達 1,324 公里，自獨立建國後，備受蘇聯的威脅。其間在 1939 年及 1944 年，芬蘭曾兩度遭受蘇聯的軍事侵襲，慘遭割地賠款。1920 年代至二次大戰爆發，芬蘭的目標係確保國家獨立，而在國家亟待發展的情況下，芬蘭深知若加入反蘇陣營，勢必引起蘇聯的武力威脅，因此，選擇中立政策為本身爭取生存空間，成為重要的策略選項。第二次世界大戰初期，德國納粹勢力稱霸歐洲，芬蘭夾在蘇聯與德國兩大強權之間，選擇與德國結盟，藉以抗衡蘇聯的軍事侵略威脅。二戰結束後，芬蘭成為戰敗國，主權和外交長期受制於蘇聯，並沒有接受美國的馬歇爾計畫。蘇聯衰落後，芬蘭才逐漸擺脫影響，並於 1995 年加入歐盟。

芬蘭成為歐盟會員國後，國家安全與經濟利益皆獲強化。芬蘭積極參與歐盟與俄羅斯的關係發展，並以歐盟與俄羅

斯溝通橋樑自許。現今的芬蘭政府認為維護國家利益的最佳方式，就是透過國際合作與廣泛的雙邊合作，全面促進芬蘭與俄國間的關係。雖然當今芬蘭在國際舞台上，仍會顧慮俄羅斯的立場，而且俄羅斯的對內、對外政策走向，亦對芬蘭的外交政策有所影響，但因芬蘭重視與俄的雙邊關係和實質合作，如今俄國已成為芬蘭最大的貿易夥伴。

芬蘭夾在瑞典與俄國兩個強鄰之間，有點像台灣夾在中國與日本之間。不同的是，芬蘭與兩個強鄰國界接壤，獨立更為困難。芬蘭明年即將歡慶獨立建國 100 年，小國長期身處於強權大國的虎視眈眈之下，選對天氣，穿對衣服的確是這個國家的最佳寫照。

### 芬蘭產業如何在競爭劣勢中，穿對衣服？

這種審時度勢、逆中求勝的情況，同樣發生在芬蘭的產業發展中。以本次科技部參訪的 Nokia 為例，它的百年發展就是「沒有壞的天氣，只有穿錯衣服」最好的說明。諾基亞創建於 1865 年，從一開始伐木造紙、之後轉型為膠鞋輪胎，再到電子產品、手機，直至近年來的物聯網（Internet of

*一個管理學者的社會責任*

科技部人文司參訪團參觀 Nokia 先進科技體驗中心

Thing, IoT），超過 150 年以上的品牌生命，比芬蘭獨立建國
的時間還久。Nokia 曾在 2001 年創造逼近 2,500 億美元市
值，名列全球世界第三。但後來因為未能擁抱觸控手機的
轉變，最後於 2014 年以 72 億美元的價格，將手機部門賣
給微軟。大幅裁員之後的 Nokia，許多工程師紛紛投入中小
企業，協助了芬蘭產業的轉型升級；也有一部分工程師帶

*87*

著 Nokia 授權許可的專利自行創業，投入各式的產品創新。僅 2014 一年芬蘭就誕生了 400 多家新創公司，科技創業氛圍高漲，帶動了芬蘭近年來的產業創新。

整體而言，百年老店的 Nokia 有五大獨特競爭優勢，包括：創新、規模經濟、範疇經濟、顧客洞察研究以及營運卓越。此外，Nokia 具大量的研發、服務資源及專業知識，再加上 2016 年以 156 億歐元（約 166 億美元）併購阿爾卡特—朗訊（Alcatel-Lucent）和旗下的 Bell 實驗室，進而掌握了超過 100 個以上的世界級專利技術，大大強化了 Nokia 在 5G 與物聯網（IoT）的技術競爭實力。

Nokia 最近幾年將重心投入在移動裝置，尤其是物聯網的網路軟體、以及雲端系統應用上。IoT 應用的示範案例包括了智慧城市、智慧交通、智慧教育以及 5G 商業生態系統的佈署等。目前雖然在全球各地陸續完成了一些小規模的示範案例，有巨大潛力，但整個 5G 與物聯網市場還持續升溫，整個產業的生態系統尚未建立。

在參訪過程中，Nokia 同仁提及 2016 年第二季公司的淨銷售額為 57.76 億歐元，比去年同期的 63.63 億歐元下降了 11%。下降的主要原因是因為前幾年已開發國家和發展中國家均已經大規模投資了 4G基礎建設，而 5G技術規格尚未有標準，基礎設施需求尚處在一個中間緩衝階段。雖然

Aalto 大學將一座原本荒廢的空間改建成為 Design Factory

Nokia 品牌手機從芬蘭消失，但 Nokia 仍保有解決方案與網絡公司（Nokia Solutions and Networks）、Here 地圖和先進開發技術（Advanced Technologies）等業務，近年芬蘭正逐漸搭上這一波的 IoT 巨浪，順應新的科技天候，拋棄過往的舊裝、著上新衣，奮力再創 Nokia 品牌的昔日榮景。

**芬蘭大學如何在全球學術競技場中，穿對衣服？**

接下來，談談這一趟行程參訪芬蘭阿爾托大學（Aalto University）教育創新與產學合作的觀察。芬蘭因為近年來的經濟表現並不是十分理想，如何強化大學競爭力、活化大學研發能量為社會所用，並加強產學合作與創新的商業化，成為大學努力的目標之一。在此一背景下，芬蘭開始思考如何整合大學力量，成為社會進步的驅動引擎。其中 Aalto 大學就是在此一脈絡下所合併而成的一所新大學。

Aalto 大學係於 2010 年由赫爾辛基理工大學（1849 年創立）、赫爾辛基經濟學院（1911 年創立）、赫爾辛基藝術設計大學（1871 年創立）等三所在其領域占有領先地位的大學合併而成。全校現今共有約 2 萬名學生、400 位教授、3,500

一個管理學者的社會責任

位研究工作者與行政職員。芬蘭是社會福利國家，學生就學的所有費用均由國家供應。一般而言，大學的修業年限是大學三年、碩士兩年與博士班三年。跟台灣相比，芬蘭的博士班畢業生約有 60% 以上是進入產業界服務，只有不到 40% 的博士是進入學術界任教。

Aalto 自 2010 年三校合併以來，研究經費從 2010 年的 37.3 百萬歐元，成長到 2015 年的 53.5 百萬歐元，成長了 43%；博士生從 2010 年的 184 位，成長到 2015 年的 256 位；被國際期刊接受的學術文章從 2010 年的 1,386 篇，也成長到 2015 年的 2,020 篇。Aalto 自 2010 年迄今，至總共新徵聘了 223 位終生職（Tenure track）師資，其中 65% 的申請案來自國外。

新的 Aalto 大學使命是打造一個創新社會（An Innovative Society），大學願景則是型塑未來（Sharping the future: Science and Art together with Technology and Business）。整併後的 Aalto 大學特別強調四個重要面向：跨領域（Multidisciplinary）、創業精神（Entrepreneurship）、卓越（Excellent）與影響力（Impact）。

從訪談的過程中，瞭解 Aalto 大學因為資源有限，學校十分策略性地專注於四大研究的領域：(1)資訊科技與數據化；(2)全球商業動態；(3)材料與永續議題；(4)藝術與數據。因為目標清楚、策略十分明確，Aalto 大學集中資源積極聚焦於產學合作來轉型，希望將校園轉化為產學研究與合作的樞紐，連結所有大學教授、學生、產業界與公共政策制定者。

為了將校園打造成為芬蘭社會中的合作樞紐，Aalto 大學特別設計了一個「研究與創新服務」（Research and Innovation Service）團隊，設計產學合作之誘因與機制，來連結各個利害關係人的各式需求，提供知識密集的顧問諮詢專屬服

Aalto 大學 Design Factory 專員說明 Maker Space 的空間創新

*一個管理學者的社會責任*

務。這項校內服務是希望將大學教授（特別是理工學院）的學術產出轉化為具有商業價值的創新成果，並進一步建構芬蘭的創新生態圈。這項計畫於 2014 年啟動，總資金約 388.8 萬歐元，主要來自政府（約 266.4 萬歐元）、Tekes（類似台灣的科技部）（30.9 萬歐元）、芬蘭學術研究（31.4 萬歐元）、歐盟（21.3 萬歐元）、民間企業（14.5 萬歐元）、公共基金（9.4 萬歐元）、其他（13.4 萬歐元）和特殊目的基金（1.5 萬歐元）。

該服務團隊主要的目的有：(1)藉由管理研究基金來提增加研究資源；(2)藉由富競爭力的研究基金來提升教授執行研究專案的企圖；(3)藉由專業的分工服務，來幫助教授與研究人員節省時間，減少其涉入不熟悉的商業領域；(4)確保相關的研究成果可以被社會有效的商業化與利用。奠基於矩陣式組織管理原則，學校成立此一專責服務團隊，將該單位與全校的院系所進行矩陣式整合與分工，分別藉由專案前服務、專案後服務、法律與資訊諮詢、創新服務等四階段流程，來落實學術研究往後走向技術化、產品化與商業化等一連串歷程。

首先由該單位的專案經理人擔任計畫撰稿人，依老師的專長有計畫地進行相關訪談，並時常注意政府或歐盟的各種研究公告，尋找各式外部機會。在確定產學發展方向並有了主題後，專案經理人會進行相關詢問，瞭解教授的參與意願與投入資源盤點，撰寫計畫草案並給相關人員傳閱修改，再送交校內相關法務人員檢視。待完成法律權利與義務相關安排之後，專案人員再協助將計畫送交給校內的創新專利辦公室核定，最後協助教授進行產業媒合，尋找合作夥伴。

具體而言，該單位的專案經理人就像是富經驗的顧問，從旁協助或配合教授去執行校內與校外的各式產學合作與研究計畫執行；而非像台灣的大學教授，被期待都要有三頭六臂與許多分身來從事學術研究、寫論文、解決產業問題、提供解決方案等等活動。

舉例而言，該服務團隊安排不同專業經理人負責不同技術領域與產業，專案經理會協助大學教授從事產學合作的規

劃、計畫撰寫、募資、創業與團隊設計與管理，以專業分工方式從旁幫忙教授將研究想法進行外部產業的媒合，以及技術開發所需要的各式繁鎖細節的執行。

以 Aalto 大學為例，目前 6 個學院各自有一組全職人員，專門負責撰寫研究計畫以尋求外部資源。整體而言，Aalto 大學申請 Finland Academy（類似台灣科技部的學術計畫）計畫的通過率約為 20%，申請 Tekes（類似台灣經濟部的科專計畫）的通過率約為 52%，比芬蘭其他大學申請案的通過率高出約 5～10%。以 2015 年為例，Aalto 約有 150 件創新計畫公告、30 件專利申請、30 件 Spin-off 公司申請（其中 10 件為教授申請，20 件為學生申請），Tekes 研究案商品化的成果為 13,000,000 歐元。與國內大學系統不同的是，Aalto 大學的教授可以同時在學校教書，並擔任所創辦公司的執行長職務。此種讓大學教授可以在學術研究或產業研發的需求間自由變裝，以適應不同天候需求的靈活做法，再次展現了芬蘭的彈性與應變力。

95

Aalto 大學 Stahle Pirjo 教授講解學校產學創新


**台灣人別再抱怨環境惡劣，趕快穿對衣服吧！**

芬蘭小國東有俄羅斯、南有德國、西有瑞典，沒有權利選
擇，只能接受與因應。如同芬蘭人面對北歐極地天候一
般，全民只能堅定面對，但必須靈巧地動態調適。

對照台灣的現狀，芬蘭此種「沒有壞的天氣，只有穿錯衣服」的小國智慧，或許也適用於我們。台灣目前正面對著許多政治問題與社會議題：與中國大陸間的國際競合關係、產業從過往的低成本代工思維走向未來的價值創新驅動、過多大學面臨的退場與合併轉型……等，政府與民間要儘快拋棄本位成見，穿對衣服（區域政治、產業轉型與高教創新），好面對未來越來越多變的全球競爭與氣候變異。

（本文與逢甲大學公共政策研究所教授侯勝宗、政治大學企業管理學系教授林月雲合著，原刊登於 2016 年 9 月 3 日《獨立評論@天下》）

# 09

瑞典的小國創新——
無論你轉身多少次，你的屁股
還是在你後面

本文主要探討瑞典國家創新亮麗表現下的社會深層信任結構。瑞典有句諺語：「無論你轉身多少次，你的屁股還是在你後面」，意思就是無論你怎麼做，都會有人對你不滿意。若能明白這一點，那我們對不同的聲音與反對意見，就不會沮喪、惱怒，而會覺得正常，並用正面的態度來尋求各方的合作與支持。長期以來，瑞典社會的發展就是在這樣的不同轉身過程中，尋求各方的支持、信任與整合。如今，瑞典除了兼容了左派的社會福利體系優點，另一方面也發展出富特色的右派經濟成長與競爭實力，躋身世界科技強國之林。

### 全球創新國家指數亞軍的小國模範生

先來介紹瑞典這個國家。瑞典面積 45 萬平方公里，土地約為台灣的 12 倍；其中 70% 以上的土地是森林，全國的可耕地面積不到 6%，更有近 1/6 的國土係在北極圈內。若用人口數來看，瑞典的人口數約 920 萬，約莫為台灣人口的四成左右，人口密度十分低。相較於其他北歐國家以貿易見長，瑞典是一個以科技發展為主的工業國家，國家創新程度高。以 2016 年 8 月 15 日剛剛公布的「2016 年全球創新指

瑞典是一個沒有高山的平原國家，首都斯德哥爾摩是全國的科技重鎮

數報告」為例，瑞典是全球第二名（第一是瑞士、第三是英國，歐洲國家包辦了前三名）。

全球創新指數報告係評估全球 128 個經濟體的創新程度報告。主要針對四個指標進行計算來評比，分別是「創新投入次指標」（包括制度、人力資本與研究，及基礎建設等五個

*101*

要素)、「創新產出次指標」(包含知識與技術產出、與創意產出等兩要素)、及「創新效率比率」(產出次指標分數除以投入次指標分數)，最後再以產出次指標與投入次指標的平均數，算出全球創新指數總得分。由此可見，瑞典這個國家創新實力之強勁。

**強調多數公民的集體成就，而非少數資本家的個別利益**

但是，在這樣的國家創新體制之下，政府推動的不是強調「科技領先」的競爭硬實力；相反的，卻是強調「以人為本」的合作軟實力。

很多人常說，瑞典的社會形態很像是社會主義國家，因為政府提供民眾十分完善的社會福利。瑞典非常強調平等至上的精神，這與我們台灣所熟悉的強調人權、希望扮演世界警察的美國牛仔精神十分不同。瑞典的平等是奠基於照顧弱勢、尊重環境與永續平衡的基礎之上，故社會大多數民眾願意限縮個人慾望並力行簡約生活。北歐此種強調社會公平與永續共好思維，迥異於美國以市場競爭驅動的創新創業精神，強調個人的物質慾望的滿足與財富追逐。

是的，北歐瑞典的確和我們所熟悉的美洲強國十分不一樣，因為她很尊重社會不同的聲音，強調人民的社會福祉與生活權利。但是，有趣的是，社會主義理想如此濃厚的瑞典小國，她非但不反商，反而更有重商主義的務實精神。瑞典的經濟數據會說話。這個位處北極圈的歐洲小國，卻能創造全球 2%的貿易額，誕生了 6%強的全球跨國公司。

儘管瑞典是小國，但她卻是許多國際企業的母國市場。而且比其他國家的全球化企業，瑞典企業更善長建立綿密的國際營運網絡，海外國際化程度十分高。因為本次科技部參訪團的考察重點在一般管理領域，所以我們特別走訪了位於斯德歌爾摩西北方約 78 公里的烏普薩拉（Uppsala）大學，因為這所大學是國際企業領域的研究重鎮。烏普薩拉是北歐最古老的大學，建立於 1477 年，也是瑞典諾貝爾獎得主最多的大學（至今共有八位），歷代國王都畢業於此。

這所大學在經濟與管理領域頗具影響力，該校的 Johanson 和 Vahlne 二位教授，在分析瑞典企業國際化過程的基礎

上，提出的漸進式企業國際化理論，即所謂的烏普薩拉模型。烏普薩拉模型認為企業開展國際化是一個漸進歷程，強調企業國際化是由出口、技術授權、合資以及獨資經營等循序漸進方式進行。這樣的漸進式國際化觀察反映出瑞典人從商的務實與謹慎。國內民眾所熟悉的瑞典品牌：IKEA歐風家具、H&M 流行服飾、Volvo/SAAB 汽車、易利信電信、Scania 卡車、ABB 機器人與工業自動化等，大多都是在此種漸進化歷程，逐步擴大它們在世界的版圖。

此外，在網際網路主導的知識經濟世代，瑞典的科技創新也不遑多讓。首都斯德哥爾摩市政府多年前便藉由所屬的公營 Stokab 公司傾全力鋪設國家高速網路，並提供各式投資誘因給新創公司，打造友善的科技創業環境。如今，斯德哥爾摩已成為新一批「獨角獸」（身價超過十億美元的新創科技公司）的創新基地，幾乎可以說是歐洲的矽谷。這些公司包括：音樂串流服務 Spotify、影音通訊服務 Skype、熱門手機遊戲 Candy Crush 的開發商 King、線上支付服務 Klarna，以及 Minecraft 的創始者 Mojang 等。

**不強調競爭，反而縮短了權力距離、促進了社會合作**

「無論你轉身多少次，你的屁股還是在你後面」這句話充分
反映了瑞典是一個尊重少數、包容性十分強的社會。瑞典
的整個社會氛圍，人們不太喜歡強調競爭，事實上瑞典是
一個權力距離很小的國家。此種以強調平等，縮小社會不
同階級間的權力距離，至少可以反映在政治與社會等二個
面向。

首先，在政治的參與層面，瑞典屬於多黨政治，通常需由
多個政黨組成執政聯盟。目前係由社民黨及綠黨兩黨聯合
執政（只占國會 40%的席次），所以政黨間的結盟與合作，
是瑞典十分重要的課題，因為沒有一黨可以掌握多數。其
次，因為政府力行高稅收的福利補貼（最低所得稅率從 25%
起跳，最高所得稅率可以達到 60%），高收入家庭必需補貼
低收入的民眾，故瑞典人的實質收入差距不大。

有人說在瑞典這個國家中，可能沒有真正的窮人，社會表
面上也很難看出明顯的階層分化；再加上政府推動社會住

宅政策，民眾普遍的生活品質差異不會太大。更令人羨慕的是，瑞典提供人民完全免費的教育補貼和近乎免費的醫療福利。工作權受完善的保障；例如，勞工一年均有至少五週的給付薪資休假，如果上班族因病無法工作，還能獲得至少 75% 的工資。

瑞典斯德哥爾摩市政廳內的市議員會議廳

**教育成就每一個人的機會，大學科技研發領先全球**

本次的參訪過程中，我們特別前往瑞典代表處訪問與請益。在我國與駐瑞典廖東周大使對話中，他非常推崇瑞典的教育制度，並推崇瑞典經驗十分值得台灣學習與借鏡。廖大使特別強調，不要只看到瑞典社會發展成功的表面──即「知其然」，更要瞭解他們能夠成功的背後原因──「知其所以然」。

*一個管理學者的社會責任*

依據他的觀察，瑞典人民的教育費用完全由政府負擔，十分強調學生的受教權與學習的公平性，就對社會發展至為重要。例如，小學教材均由學校準備，學生上學不必帶書包；放學後也不用將帶功課回家做，避免學生因為家庭經濟條件不一，而影響了孩子的學習發展。這充分展現了瑞典人所重視的社會公平。

其次，他也提及瑞典本地居民從小學到大學、甚至研究所博士班完全免學費。政府十分鼓勵高中生畢業後，可以先到職場去工作一段時間或到國外遊學後再回來決定是否就讀大學。這充分表現出瑞典社會十分強調獨立自主與自我探索。第三，因為完善的社會制度、教育醫療的保障與對人民選擇的尊重，讓瑞典人民相信政府會確保自己生活條件無虞。例如，每位小孩自出生開起到 18 歲為止，政府每個月都提供約 1,000 瑞典克朗（折台幣約 4,060 元）的成長津貼，所以人民也願意誠實繳交高額稅款。最後，政府與人民間形成正向的信任循環，孕育出堅實的社會資本，促進社會的和諧關係與經濟效率。

除此之外，瑞典傑出的高等教育與科研表現也是建構優質社會的重要原因之一，這也是本次考察團的參訪重點。瑞典全國有 44 所大學，其中 35 所大學提供英語授課的學位課程。瑞典的大學競爭力在全球排名第二位，僅次於美國。以本次我們訪問的另一所瑞典大學——隆德大學（瑞典語：Lunds universitet）為例，她建校於 1666 年，是歐洲最古老的大學之一。隆德大學在全世界大學的排名約位於前 60 大行列，她同時也是全球 Universitas 21 聯盟成員。全校共有十個學院，學生人數約 4.7 萬人，其中約有 6,000 人是國際學生。近年來，隆德大學與瑞典國家研究學會（Swedish Research Council）共同設立國家同步輻射研究中心 MAX IV，致力於加速器物理、同步輻射與核物理的先進技術研究。此外，隆德也歐洲十分重要的科學研究中心，其歐洲散裂中子源中心 ESS（European Spallation Source），預計將於 2020 年完工運轉，是世界重要的研究重鎮。

**台灣的隱憂：每次的華麗轉身，屁股就換一次**

北歐四小國（瑞典、芬蘭、丹麥、挪威）近年的經濟發展與社會創新都是全球的模範生，其中又以瑞典能兼具經濟發

*一個管理學者的社會責任*

科技部人文司參訪瑞典隆德大學經濟與管理學院

展與社會福祉間的平衡,表現最佳。有這樣的亮麗成果,
雖然部分原因要歸功於瑞典並未加入歐元貨幣系統,沒有
被捲入過去幾年的全球金融貨幣危機中。但在本次的考察
與訪問中,我們發現背後更關鍵的因素,可能來自瑞典政
府在社會制度長期以來的良好設計,讓人民願意相信政府

與包容不同意見所累積出的「社會資本」(Social Capital)；建構在這樣的信任基礎之下，才能讓政府與民間共同協力，推動具前瞻性的政策與具特色的產業發展。

這個觀察呼應法國經濟學家阿爾剛（Y. Algan）和葛侯（P. Cahau）在《不信任的社會》（La Societe de Defiance）一書中的發現——瑞典社會中有 66% 的民眾相信他人；這個比例是法國的三倍，更居全球之冠。就是這樣的信任，成為瑞典推動各式科技發展與社會創新背後的人文支撐。

台灣可以從瑞典身上學到什麼？近十年以來，對比台灣周圍的亞洲四小龍國家，我們國家在全球的科技創新與大學競爭力正在逐漸流失中。從瑞典「無論你轉身多少次，你的屁股還是在你後面」的小國智慧，我們的政治人物與各式團體是否可以更多學習傾聽不同聲音與反對意見，彼此包容、異中求同，以人民福祉為最大公約數來尋求各方合作與國家發展呢？

一個管理學者的社會責任

我們從瑞典身上看到台灣的最大隱憂是—政黨在每次的華麗轉身後，屁股就換一次。不同政黨所提出的政策與國家方向，都在服膺特定的選舉目的，而非全民之需。

曾幾何時，「不信任」成了我們國家創新與社會發展的最大隱憂了！

（本文與逢甲大學公共政策研究所教授侯勝宗、政治大學企業管理學系教授林月雲合著，原刊登於 2016 年 9 月 6 日《獨立評論@天下》）

# *10*

## 丹麥的小國創新──
## 不管鳥兒飛得多高，
## 它總得在地上尋找食物

丹麥哥本哈根的都市設計十分具有特色，新港（Nyhavn）彩色屋已列入為
聯合國教科文組織的準世界遺產

丹麥有一句諺語：「不管鳥兒飛得多高，它總得在地上尋找
食物」，這句話指出了丹麥人的務實與不好高騖遠。同時，
這句話也隱含著丹麥的簡約設計風格背後的小國精神，反
映出丹麥創新的接地氣與務實。

丹麥的設計以簡約與實用聞名。只要觀察丹麥出品的設
計，大多都會有一種共同的感覺，就是強調品質、功能、

材質，以及設計線條簡單、乾淨的美學態度。例如：雅可森（Arne Jacobsen）的經典單椅——蛋椅（Egg chair）、韋納（Hans J. Wegner）的Y形椅（Y chair），都是從1950年代紅透至今。

普遍而言，丹麥人十分務實、討厭浪費。其實，設計在丹麥是很生活的。購買經典的設計並非有錢人的專利，丹麥

自行車是丹麥人十分重要的代步工具，哥本哈根的公共自行車設計十分簡約

*10　丹麥的小國創新—不管鳥兒飛得多高，它總得在地上尋找食物*

人寧願擁有「少」，也要擁有「好」，這樣的民族性和文化性，充份反映在丹麥設計特色上。例如，丹麥的設計大多會避免有過多的詮釋，也避免過分設計。它不以喧嘩或透過視覺來吸引目光，而是以怡然自得的簡單線條，呈現獨特的北歐氣質。

**因為資源少，所以更要「少而好」**

丹麥設計其來有自，與她所處的地理環境與氣候條件有一定程度的關係。丹麥位於波羅的海和北海之間，面積 4.31 萬平方千米，是北歐最南邊的國家，人口約 539 萬。和鄰近的國家相比，丹麥的土地面積很小，瑞典是她的十倍大，德國是她的八倍大。雖然土地面積不大，但丹麥卻擁有 7,314 公里長的海岸線。丹麥由日德蘭半島與其他 400 多個大小島嶼所組成，海外的領土還包括有北大西洋的法羅群島和格陵蘭島（世界的第一大島）。境內多為低地，海拔最高不過 173 公尺，有肥沃的農地、丘陵、溼地、沼澤及樹林分布在國土中。

因為丹麥的自然資源並不豐沛，全國最多的天然資源就是木材，因此不管是設計靈感還是材料，通常取之於大自然。因為資源有限，造就了丹麥人的不浪費個性，也讓其設計相當強調功能導向，而且注重使用者需求。本次科技部參訪丹麥大學行程中，我們發現這樣的「少而好」的簡約觀念，不只發生在丹麥的產品設計上，也展現在丹麥的高等教育組織設計之上。

### 只剩八所大學，各自互補發展

丹麥原來全國的大學也很多，但自 1992 年頒布了新的大學法之後，政府便積極主導大學的精簡與優化。經過一連串的大學整併與重組之後，至今丹麥全國大學只剩八所大學（分別是：哥本哈根大學、奧胡斯大學、南丹麥大學、奧爾堡大學、羅斯基勒大學、丹麥技術大學、哥本哈根資訊技術大學與哥本哈根管理學院）。如今這些學校全部是公立大學，座落於全國不同地方，兼顧丹麥的人才培養需要。

特別值得一提的是，丹麥目前的八所公立大學，各有專精，大學間彼此研究領域彼此互補，避免疊床架屋，造成

10  丹麥的小國創新──不管鳥兒飛得多高，它總得在地上尋找食物

社會資源的無效浪費。例如在丹麥的首都——哥本哈根，哥本哈根管理學院（Copenhagen Business School, CBS）係專注於管理相關科系的專門大學，而哥本哈根大學則沒有管理學院。由此可見丹麥政府當初在高等教育改革的決心與執行力。

在參訪丹麥的大學辦校機制、瞭解政策如何務實於大學運作後，深感大學組織創新與學術分工聚焦的重要性，也應證了「不管鳥兒飛得多高，它總得在地上尋找食物」這句丹麥諺語。

樂高樂園。樂高是丹麥創新十分重要的代表性產品

一個管理學者的社會責任

**簡單架構，專責服務**

以本次參訪的哥本哈根管理學院為例，哥本哈根管理學院
於 1971 年創立，最初是一間私立學校，目的為教育當時的
創業家，後來才成為公立大學（80%的經費來自政府）。哥
本哈根管理學院現有 15 個科系，30 個研究中心。該校的組
織與分工，奉行簡約設計原則，以十分精簡的扁平式組
織，來進行科系的專業垂直劃分與校務行政管理間的水平
整合。

在訪談過程中得知，哥本哈根管理學院目前共有 675 位專
任研究員、875 兼任研究員、225 位博士生與 650 位行政同
仁。學生人數共約 23,000 人，其中 4,300 位為國際學生，
約占 19%。哥本哈根管理學院的組織架構非常簡單。校長
之下有四位主管：Dean of Research（相當於台灣的大學研發
長）、Dean of Education（相當於台灣的大學教務長）、Uni-
versity Director（相當於大學內的財務長）與 Vice President of
International Affairs（國際副校長）。哥本哈根管理學院非常
注重研究，行政體系之設計是為了協助教授們有效地進行
研究與教學，所有的行政主管含校長、副校長、院長與系

所主任都視為行政人員，無須教學。然而除行政主管外，每位老師不論年資、不論研究表現，人人都必須從事教學工作。

哥本哈根管理學院為了爭取更多的外部資源，特別設計了專責的「研究服務辦公室（Research Support Office）」來協助系所與老師申請各式的計畫。該中心共有十位人員，其中八位為諮商師（Consultant）均具碩士學位，另二位為學生助理。諮商師分成兩組，各自有自己的科系權責範圍，協助系所老師尋找研究議題，撰寫專案並提出申請。

八位諮商師平時獨當一面、各自運作，忙碌時則互相支援。藉由此一專責的「研究服務辦公室」來服務全校教授爭取外部研究計畫與經費，協助他們收集資訊、撰寫研究計畫書與合約與智慧財產權管理（哥本哈根管理學院的國際化程度十分高，研究計畫書僅有25%以丹麥文撰寫，高達75%係以英語撰寫）。

**一個管理學者的社會責任**

藉由此種專業分工的組織簡約設計，學校希望每年均能有8%以上的外部研究經費與財務資源的成長，並希望十年內能翻倍。這些外部研究資源主要來自丹麥公立機構，次要為丹麥私立機構，其次為歐盟研究案。前兩項通過率約40～50%，歐盟的通過率約為23%，均高於其他大學的通過率。

這樣的水平分工有以下的好處：(1)因為執行計畫，教師可以減少授課時數；(2)教師可以聘僱額外人員來協助工作的執行；(3)教師可以用計畫的配合款聘請助理等（哥本哈根管理學院的教授一般並沒有研究或教學助理）。其次，在訪談

哥本哈根管理學院位於丹麥哥本哈根，是北歐最大的三所商學院之一

*121*

中也得知，丹麥的大學教授類似台灣的國立大學教師一樣，具公務員身份。與台灣類似，丹麥的大學教授若要在業界擔任顧問或其他兼任工作，必須向系所主管報備，其兼任收入的一定比例，也必需回饋給學校。

### 行政歸行政、教學歸教學

其次，為了讓大學教授專注於研究與教學工作，哥本哈根管理學院也成立了專責的財務辦公室（Externally Financed Projects），負責執行瑣碎的報帳行政工作。這些工作包含：研究案建檔，預算修改，研究案跟催，報帳單據整理，以及經費管控與經費結案等。

從哥本哈根管理學院的組織設計，可以清楚地瞭解，大學除了有院系的垂直分工運作之外，更藉由設立水平的專職單位，聘僱專業人員來主動協助院系內的教授們去爭取外部研究資源。其目的在於除了由專人負責計畫專案的撰寫與提案、提高成功率以充裕研究經費之外，同時也可以免去教授們執行行政作業的繁瑣手續，讓研究者可以專心於研究與教學工作。

哥本哈根管理學院除了輔以學校層級的「研究服務辦公室」與「財務辦公室辦公室」來強化大學組織的水平運作與彈性之外，系所單位的管理與老師誘因系統的設計，也十分關鍵。本次參訪團我們也拜訪了該校的商業與政治系（Department of Business and Politics）主任，瞭解系所的運作情形。哥本哈根管理學院商業與政治系並非一般的組織與管理，該系的研究涵蓋了四大範疇：國際政治經濟、公共政策、商業與公共服務，比較偏向宏觀的管理。大學教授在「教學－研究－服務」三方面的時間運用，關乎大學的研究競爭力與教學品質，哥本哈根管理學院採取專業分工設計，將此三大工作進行清楚的分工。

例如，哥本哈根管理學院全校的所有系主任屬於專任職，係由學校對外進行公開徵求與遴選。任期為三年，可連任。系主任的工作設計不像台灣目前的大學行政主管，係屬教授額外兼任從事的行政服務；哥本哈根管理學院的系主任無需負責教學與研究工作，專心服務全系的師生，從事管理行政工作。而沒有擔任行政職務的一般教師，其工作也有清楚的界定。例如，哥本哈根管理學院明訂每一位

**10　丹麥的小國創新—不管鳥兒飛得多高，它總得在地上尋找食物**

教授每年的工作時數為 432 小時；一個小時的教學時間折算為 3.5 小時的工作（含準備時間），有清楚的遊戲規則。

又例如，如果老師有從事特定任務或承接研究計畫工作，校方也允許教師採用買斷（Buyout）方式來減免其教學負擔。像商業與政治系為了積極的爭取外部研究資源，系主任便聘請系內的資深教授擔任研究整合與協調工作，協助該系 40 位研究員爭取外部研究案，此任務可以扣抵該教師約 70 小時工作時數。

哥本哈根管理學院執行這樣的組織雙軌分工與彈性管理制度後，成效卓著。在計畫爭取方面，以 2015 年為例，哥本哈根管理學院實際爭取到的外部研究經費為 1,600 萬美元；其中，最大的一筆單一贊助金額為 720 萬美元。而在研究發表方面，以 2014 年為例，全校共發表了共 1,928 篇學術論文，其中具審查制度的期刊論文有 538 篇。

**台灣的大學退場，該好好思考**
大學退場是台灣近年來重要的社會挑戰，台灣同樣面臨小

科技部人文司參訪團參訪丹麥哥本哈根管理學院

國的資源有限困境。但我們的大學數量非但沒有丹麥大學
的「少而好」（台灣只有 2,300 萬人口，但卻有 160 餘所大
學，密度居全球之冠），大學強調教授治校，導致組織設計
過度重視專業領域的系所自主性，院系間的教學與研究彼
此疊床架屋，忽略了組織的專業分工與執行效率，讓整個
大學組織愈來愈龐大，決策流程緩慢。

近年來，教育部嘗試推動大學的轉型與合併，但結果是要求大象跳舞，大學極難輕盈轉身，無法有效回應全球的人才競爭。過去十年以來，在教育部五年 500 億頂尖大學計畫與教學卓越計畫的政策指導下，台灣每間大學均強調研究拔尖與教學卓越，各校大力要求院系與教授要積極申請計畫，教授則努力發表論文。因為這樣才能爭取到教育部、科技部或其他部會挹注的資源。

以作者自身的經驗為例，大部分教授為了進行與延續自己的研究，必須年年爭取政府或民間的研究計劃與經費。但在現行大學運作機制下，教授們大多必須單打獨鬥，從計畫徵求的資訊收集、提案的撰寫、計畫的執行、合約的擬定、論文的發表、經費的報支、專利的申請、外部合作與技術移轉機會的爭取以及產學合作等等鉅細靡遺的大小工作……全部要自己一手包辦。

為了爭取台灣高教的有限資源，教授被要求成為擁有十八般武藝、無所不能的超人。所以每間大學為了爭取國家經費，各校都變成了大象，每一間大學都很像。而每一位教

*一個管理學者的社會責任*

授都被計畫進度追著跑,忙著滿足各式評鑑指標,玩著學術積分的遊戲。

是誰讓台灣的一間間大學陸續變成大象組織?如今,這一隻隻大象要如何瘦身、轉身或退場呢?教育部正在規劃下一個十年期的高教政策白皮書,大學的研究能量與人才培育,關乎台灣小國的長期競爭力,事關重大,不可不慎。大學有智慧和膽量選擇不變「大」嗎?「小」會不會是大學的一個可能策略選項呢?從資源條件與人口趨勢來看,台灣的大學越來越沒有「大」的本錢,但要如何誘導各校合併或轉型成為體態輕盈且有特色的「小」大學呢?台灣過去傾全國之力競逐「大學世界排名」遊戲,真的需要從「不管鳥兒飛得多高,它總得在地上尋找食物」的丹麥智慧,反省小國的大學發展方向。

(本文與逢甲大學公共政策研究所教授侯勝宗、政治大學企業管理學系教授林月雲合著,原刊登於 2016 年 10 月 2 日《獨立評論@天下》)

# PART 2 產業政策篇

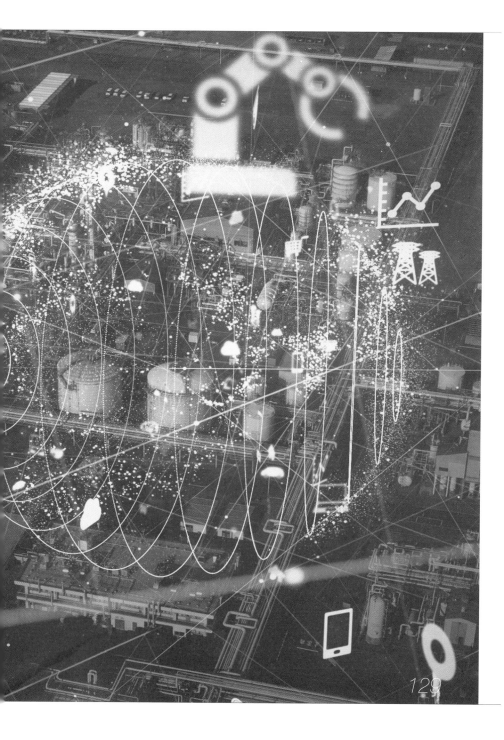

# 11

出口衰退有何良方？

台灣今年以來的出口表現令人挫折，如何突破出口衰退困境，成為當前熱門探討的議題，但是，出口衰退並不是新興的議題，也經常被提出來討論，在亞洲金融風暴、網路泡沫時期台灣出口衰退也非常嚴重，卻未見各界提出有效的解決方案，個人認為，國人在探討出口衰退議題時，鮮少從「結構追隨策略」的觀點論述，或許據此觀點切入，才能根本解決台灣出口不振之困境。

為因應國際環境的變化以及策略的改變，組織架構的調整似乎是必要的手段，而組織與策略的配適度（strategic fit）乃為成功關鍵要素。以下就出口策略位階、法人智庫的整併與轉型、大學品牌行銷學院的設立、組織旗艦艦隊、法規鬆綁、洽簽區域經濟合作組織等六大構面提出策略做法，敘述如下：

第一，提高策略位階到國家戰略層級，由行政院層級統籌規劃，這樣才能有效的整合各部會資源，畢其功於一役，績效才能彰顯。包括(1)成立品牌與通路主權基金，協助企業併購國外知名品牌與建構行銷通路。(2)與當地政府洽談

一個管理學者的社會責任

設立台商投資及商貿專區，以集體投資及商貿方式開拓新興市場。(3)鼓勵開發新的商業服務模式，建立跨境電商的友善環境。(4)鼓勵系統服務、整廠（案）輸出，協助企業進駐自由經貿港區，進行跨國營運。(5)設立單一服務窗口，協助台商開拓海外新興市場（例如協助解決印尼市場之POM、SNI、清真認證等問題）。

第二，盤點各部會財團法人智庫功能，進行組織整併，重新定位賦予新的使命，迎合國際環境快速變遷中協助產業轉型升級。(1)效法以前工研院之作法，將貿協轉型或將若干功能部門衍生（Spin off）為大貿易商及通路商，協助廠商完成進入海外市場的最後一哩路。(2)重新調整輸出入銀行的功能與定位，建議改名為經貿銀行，專注於品牌行銷、渠道建立、投資專區、物流中心、採購中心、大數據研究中心等群聚中心相關業務。

第三，鼓勵研究型大學成立品牌行銷學院，或新興市場研究中心，有系統的開發新興市場，帶領廠商開拓海外市場，並培育國際行銷及品牌人才。

*133*

目前台灣除了少數幾所大學院校有行銷相關系所外，包括台大、清華、交大、政大及成大等研究型大學都沒有設立品牌行銷學相關系所。該現象有別於美國大學，美國主要大學皆設立行銷學系。(1)建議依產業別不同分別設立行銷品牌學院，以培養品牌行銷高階人才，例如成立零售學院、精品學院、觀光學院、電商與大數據學院等。並依區域別成立不同市場研究中心，例如東協市場研究中心、印度市場研究中心、穆斯林市場研究中心等。(2)課程的設計除了品牌行銷專業課程外，亦須涵蓋當地語言、政治、文化與藝術等相關課程。(3)緊密的產學合作，在學校設立品牌行銷研究中心、技術研發中心，創新創業育成中心，以及人才培育與訓練中心等，使各大學成為新興市場研究的重鎮，以及進軍海外市場的育成中心暨實驗基地。

第四，鼓勵旗艦艦隊之協力廠商作戰方式，培養旗艦廠商，團體作戰。(1)效法 A team 作法，鼓勵旗艦廠商領軍，團體作戰進軍海外市場。(2)鼓勵組成國際標案團隊，進軍海外市場之政府標案，提高國際標案成功的機會。(3)善用華僑或台商的力量，聘任標竿企業家為經貿親善大使，透

過其經營網絡與人際關係，協助中小企業開拓新興市場，並透過其企業收集動態之市場相關資訊。

第五，法規需與時俱進，檢討不合適的法規進行調整與鬆綁。檢討移民政策與育才政策，鬆綁相關法規，協助企業跨國營運與人才的培訓與管理。

第六，盡速加入 TPP、RECP 等區域經濟合作組織，以避免台灣經濟發展被邊緣化與全球產業鏈斷鏈危機。例如美國在 TPP 力推嚴格的紡織原產地規定（yarn forward），從紡織紗開始到最後成衣生產過程都要在區內完成，才能享受美國關稅減免，因此有可能造成台灣紡織成衣業整個中上游外移，造成紡織成衣業斷鏈危機。

（本文原刊登於 2015 年 11 月 3 日《工商時報》）

# *12*

## 年金改革的迷思：
## 猛降所得替代率 人才恐將流失

人才是國家競爭力和產業發展的基石，更是經濟轉型升級的關鍵。近年來台灣高階人才的外流速度加快，儼然成為國安問題。為了留住國內高階人才並吸引國外優秀人才來台，行政院推出多項政策，包括落實用人彈性薪資，放寬外籍人才來台工作、居留及停留規定，研議投資、技術移民等相關措施等，確實對高階攬才及留才方案起了一些作用及成效。

然而最近因為年金改革問題沸騰，高階人才外流的議題已鮮少人過問，依據目前年金改革提案，年改後軍公教的退休薪俸估計約減少二至三成。可想而知，年改除了會影響優秀人才進入或繼續留在公部門服務的意願外，高階人才外流的問題恐怕會更加嚴重。

為了評鑑新政府滿一週年的執政績效，各種民調紛紛出爐，各項數據顯示，民眾對一例一休、前瞻基礎建設計畫、年金改革等重大議題的推動，不滿意度皆高於滿意度，代表蔡英文執政首年，改革並不順利，對自許是最會溝通的新政府而言，無疑是一大諷刺。

一個管理學者的社會責任

在年金改革方面，新政府雖然舉辦多場國是會議及公聽會，但是大家對年改「精算報告」的論述與數據基礎仍存有疑慮，加以年改之溯及既往是否違反信賴保護原則的法律依據、政府應否負擔最終年金保障的義務與責任等，各界見解不同，最後恐怕會走向行政訴訟或憲法官司一途。若此發展，不僅會撕裂公教人員和政府間的基本信賴關係，也會浪費無數的社會資源。

目前政府所提出的年金改革方案，是以降低成本支出（cost down）的邏輯思維設計，即以降低所得替代率為手段，並排除原先由政府承擔最終保障義務的責任，也就是說政府不再以提高編列公共預算來支付年金。如此方式是否對台灣真正有利，值得進一步研析。

針對年改問題，與其一味節流不如開源。政府應該藉由賦稅改革或價值創造來增加國有歲收，再以挹注更多財政資源於年金系統中，不僅能更有效解決年改問題，最起碼可以減小所得替代率降低的幅度，避免因年金減少，公教人員必須限縮日常消費支出，形成共貧社會。更何況，這幾

年台灣政府在年金的支出實際只占 GDP 3%，遠低於 OECD 各國的平均比例 9%。

在年金改革議題上，蔡政府宜可透過各種管道，傾聽更多專家學者的建議，或由「V Taiwan」、「政問」等數位平台搜集各方意見，各自摒棄成見，進行理性辯論與政策溝通，再善用大數據研擬合宜的所得替代率，方可尋求較為完善的年金解決方案，共同完成年金改革的重責。

總之，「降低政府支出」並非年金改革唯一的目標函數，需要同時考量國人的觀點與凝聚力。不要為了降低成本崩壞政府的信用，造成公務人員的危墜感與對政府的不信任，從而無法戮力為公，影響台灣整體的國家發展與競爭力。

（本文原刊登於 2017 年 5 月 14 日《筆震》）

# 13

正確瞭解與理性因應
中國大陸的崛起

如大家所預期的，蔡英文總統的國慶演說，對兩岸關係的論述並沒有太大的突破，也就是重申她的「新四不」原則：承諾不變，善意不變，不會在壓力下屈服，也不會走回對抗的老路。蔡英文總統的國慶演說，中國大陸肯定不會滿意，會持續對台灣施壓，逼台灣承認九二共識。然而蔡英文總統面對民進黨內部基本教義派的壓力，不可能屈服於中國大陸的要求，最多只會再度重申「維持現狀」，建立具一致性、可預測、且可持續的兩岸關係，並強調新政府會依據中華民國憲法、兩岸人民關係條例及其他相關法律，處理兩岸事務，尊重 1992 年兩岸會談的歷史事實，並呼籲兩岸應該要放下歷史包袱，儘快展開良性對話，造福兩岸人民。

由於兩岸對話沒有交集，彼此又無互信基礎，時間一久雙方的信賴關係會變得更薄弱，兩岸未來的關係發展將更為艱難。中國大陸對台施壓的力道將會越來越大，施壓的範圍也會越來越廣，無所不在。未來台灣不管在外交或全球經貿關係發展上，處境一定非常艱困，而所面臨的挑戰勢必會比以前更嚴峻。如何突破僵局？是台灣必須面對及急需解決的重要課題。

大陸一向的對台戰略是爭取台灣民心，以商圍政、以民逼官。而台灣對大陸的戰略則是希望透過兩岸交流，藉由文化與自由民主感化中國大陸人民，進而產生質變。中華談判管理學會創會理事長江炯聰教授曾以博弈理論，分析目前中國大陸對台灣所採取的博弈戰略。簡言之，中國大陸針對台灣不同族群採取 3 種不同的博弈戰略〔分別是囚犯困境（Prisoner's dilemma）戰略、懦夫對局（Chicken Game）戰略、保證賽局（Assurance Game）戰略〕。首先針對該 3 種博弈戰略進行扼要說明，其中囚犯困境是非零和博弈中最具代表性的案例，通常在雙方無法溝通情境下，彼此逃避導致雙輸；懦夫對局則是占優勢的一方施壓吃定對方，使對方退讓；而保證賽局則是指建立互信的合作雙贏賽局。

承上述分析，中國大陸的 3 種市場區隔博弈戰略是，針對「台灣內部」繼續並擴大其囚犯困境戰略；針對「台灣政府」採取懦夫對局戰略；針對「台灣人民」採取保證賽局戰略。我們觀察最近中國大陸對台政策包括「窮台」、「壓台」、以及「國台辦藍色縣市之旅」等策略作為，就可以清楚看到及印證現階段中國大陸對台的 3 種不同博弈戰略計畫。

一般而言，囚犯困境脫困的方法有改變報酬、引入第三者管制脫困、承諾等方法。當前台灣有何因應戰略？或許台灣新政府想引入美國當第三者管制來脫困，但是這辦法行得通嗎？會不會適得其反？對台灣而言，兩岸囚犯困境脫困的最佳策略為何？值得我們深思與研究！我們希望兩岸不要堅持己見，自以為是的陷入「囚犯困境」。兩岸宜建立「互信」引導成「保證賽局」，尤其是在雙方互信不足時，優勢方應先主動釋出誠意，雙方才可能往「正向循環」推動。所謂上兵伐謀，上等人改變賽局，進而主動佈局，台灣準備好了嗎？

前不久前國安會副秘書長劉大年曾在中華談判管理學會的一場公開演講中提到「正確瞭解與理性因應中國大陸崛起，是台灣社會本世紀最重要的功課」，劉大年強調：「台灣必須正視此問題，在反中、仇中、防中、恐中、傾中的各種情緒糾結下，進一步知中。並在知中的前提下，維持兩岸關係的穩定發展」。這些見解或許是台灣當前處理兩岸僵局及思考如何突破僵局的最好策略思維、態度與方法。

（本文原刊登於 2016 年 10 月 13 日《工商時報》）

一個管理學者的社會責任

# 14

產業控股
開拓台灣西藥市場最佳經營模式

台灣自實施二代健保以來，藥價以及藥費總支出受到一定的規範與限制，西藥市場的成長力道因而降低，加上同業彼此之間的競爭與成本壓力，藥廠的經營近年已陷入困境。藥廠為維持藥品市場繼續成長，同時大幅降低營運成本，勢必要深化與醫藥服務提供廠商的合作範圍與項目。

醫藥服務提供廠商在市場需求快速的驅動下，這幾年間確實也快速多元化。從最初以市場營銷與物流服務為主，逐漸拓展至查驗登記、健保藥價申請、病患支持與照護，以及其他衍生的特殊需求，如生物標記中央實驗室檢測、樣品配送及收款等等服務。

然而醫藥服務提供廠商並不擁有藥品專利，且競爭者多，各廠商服務品質及項目差異又不大，替代性頗高，若是無法尋求新的商業模式，那麼就無法脫離高價格競爭，低利潤服務的困境。

並且，食品藥物管理署已行文明定，西藥製劑許可證的販賣業者必須於 107 年 12 月 31 日前，全面執行國際標準西

藥優良運銷規範（PIC/S GDP）政策，西藥物流必須符合更嚴格的遞送規範。台灣國內藥品服務商將有一大部份無法符合新法規的要求，需得尋求和符合新規範的醫藥服務提供廠商合作物流遞送，醫藥服務市場的競爭態勢必然進行重組。

目前台灣的醫藥服務提供廠商規模都不大，市場相當分散，名列前段的裕利、禾利行、久裕、大昌華嘉等四公司，合計市占率也還不到40%。醫藥服務提供廠商或可藉由水平整合、垂直整合，以及成立產業控股公司等三項戰略，改變其商業模式，以獲得強化市場影響力，增加營收利潤的效益。

但是，台灣醫藥服務提供廠商多數為小公司，公司董事長或總經理即是創辦人或其第二代，通常會傾向擁有自家的獨立事業，因此要進行產業內水平整併確實有相當的困難度；而醫藥服務提供廠商想藉由併購藥廠或醫療院所向上下游進行垂直整合，又可能會因為其他藥廠對競爭的疑慮，減少了未來合作的可能，或因醫療院所的特許行業特性及限制，增加向下游整合的困難。

147

在現況下，成立產業控股公司應該是開拓台灣西藥市場的最佳經營模式。

由於台灣醫藥服務市場集中度較小，並非寡占市場，也沒有規模獨大和競爭絕對優勢廠商，彼此競爭激烈的市場上，成立產業控股公司改變現況的可行性相當高。

十數年前，台灣電子零件流通業所遭遇的狀況和目前醫藥服務提供廠商所面臨的困境類似，多家通路商各擅其長，市場競爭激烈卻獲利不佳。於是世平興業與品佳兩大業者率先合併成立台灣大聯大產業控股公司，展開台灣首次大陣仗的水平整併，其效益使大聯大的平均營運成本下降至3%，遠低於業界的平均水準10%。大聯大的產業控股經營有別於一般併購的營運模式，首先，保留各個被併購公司的組織體系及管理制度，維持原有公司的經營彈性，僅做後台整合。其次，大量留住被併購公司的優秀人才，結合集團菁英，以「共大、共好、共贏」為宗旨，將企業做大、做強、做精。

大聯大在台灣開創產業控股平台，藉由併購成為全球第一，亞太區最大的半導體零組件通路商，連年獲得專業媒體評選為「亞洲最佳 IC 通路商」，堪稱台灣通路產業的創新經營典範。

此時此刻，台灣醫藥服務提供廠商面對大環境的挑戰，大聯大的突困做法或許可為參考。在成立台灣醫藥服務控股公司後，併購整合的管理重點應首先在各子集團後勤作業的整合以節省營運成本，接著再整合各子集團管理制度、作業程序及績效衡量標準，最後才推動前端子集團整併，透過組織再造，最終完成深廣的控股整合綜效。

如此藉由併購以及產業控股經營模式來整合其他競爭者，提升營運效率，發揮大者恆大的經營管理哲學與效益，除了可強化台灣西藥市場的市占地位外，也可望拓展版圖，揮軍進入中國大陸或其他國際市場。

（本文與台灣大昌華嘉公司西藥事業部處長陳四維合著，原刊登於 2018 年 7 月 5 日《工商時報》）

**14　產業控股　開拓台灣西藥市場最佳經營模式**

# 15

如何打造台灣服務業新藍圖

台灣服務業在 2018 年整體 GDP 中約占六成四的比例，雖然仍可說是帶動台灣經濟成長的火車頭，但實際，服務業占整體 GDP 的比例已經由 2001 年的高峰 73.3%，逐年下滑至 2018 年的 63.9%。2001 年以後，服務業成長呈顯緩慢，乃至於已「卡在瓶頸」（stuck in the middle），陷入困境。

過去，服務業一直被視為內需型產業，在以商品出口為導向的政策下，所獲得的發展資源遠不及製造業。2017 年台灣服務貿易值占全球服務貿易總值約 0.85%，全球排名第 27，遠落後於商品貿易占全球商品貿易總值的 1.79%以及全球排名的第 18 名。

台灣傳統產業價值觀「重硬輕軟」，向來缺乏系統性服務概念與整體解決方案，對服務研發投入極少。以 2016 年為例，服務業研發經費只占 GDP 的 0.2%，遠低於美國的 1.86%，也較鄰近國家新加坡、日本和韓國低很多。

台灣大企業沒有發揮龍頭作為，建構具有國際競爭力的創業領導及服務系統環境，沒有開發大型系統帶領整體價值鏈成長，也沒有致力培育優秀人才。因此，如何將台灣服

務業高值化、國際化，並提振其競爭力，是現階段重要的
課題。

台灣服務業多半規模小，國際市場資訊掌握不足，難以單
獨和先進跨國企業競爭。政府應該倡導大型企業以聯合艦
隊方式帶領規模較小企業一起進軍海外，輔導具衍生性服
務與持續性需求的商品整案輸出，藉以提高整體服務價值
體系的成長，帶動國內就業與經濟發展。

同時，加強研發創新，注入文化與科技元素，提高產業附
加價值，促使服務業升級與轉型。進一步，在引進國際服
務業者來台同時，善用台灣資訊科技，鼓勵企業在台發展
雲端服務或雲端資訊管理中心，打造台灣成為「亞太服務加
值基地」。

2014年英國英特公司（Interbrand）宣告企業已邁向品牌4.0
（Age of you）階段，發展以數據為基礎，消費者為中心的生
態體系（Mecosystem），這便是以消費者連網為運作介面，
以數位科技（AI）為支援體系的新服務架構。

放眼國際，新科技已衍生出許多新型態服務模式以及服務
市場，包括 Uber、Airbnb、Netflix、KKday、Car2go、Ama-
zon 等新創公司，而且不論是藉由消費端或供給端來驅動，
或是藉由水平或跨業結合來發展，創新服務的商業模式不
停在演化，共享經濟、平台經濟、創新經濟、長尾經濟等
不同新興服務業類別因此蓬勃崛起。

服務創新是產業轉型的新行動方針，而服務業創新是逃離
商品陷阱的途徑，也是為企業創造成長與競爭優勢的必
要。模糊產業界線，將所有企業視為服務業（農業、製造業
都是服務業），才能跳脫產品導向的框架與商品陷阱的危險
性，避免重蹈諾基亞失去手機王國的覆轍。

將農場轉型為觀光工場，製造業廠商轉型為製造服務業廠
商，台灣最經典的案例就是台積電。台積電不只提供晶圓
代工製造服務，也提供各品牌大廠研發創新服務，成功建
立 B2B 全球知名要素品牌的地位（TSMC inside）。

在長久以來台商最擅長的研發與製造基礎上，擴大以技術
推動（technology push）的研發與高端製造服務，可以創造出
強勢國際競爭力。

此外，智慧醫療服務業也是台灣具有強大競爭力的產業。台灣擁有世界級的醫療技術，以及生技研發能力，並且擁有大量完整的健保資料庫，可以進行醫療大數據分析，在在是發展智慧醫療最佳的基礎條件。

台灣社會高度全球化與自由化，深具文化底蘊，年輕人具有多元思考與適應能力，是一個創新創業優良環境，適合成為新型態服務業的實驗基地，加上台商有豐富的生產製造以及研發管理經驗，因此創新創業、智財管理、製造管理、以及 turnkey 管理等知識管理服務業，都是台灣頗具優勢可以發展的服務產業。

台灣要打造服務業的新藍圖，除了優化台灣服務貿易模式、提高整案輸出的比例、投注更多的服務研發經費外，還必要能善用台灣 ICT 研發創新能力與製造能力，在完善的頂層設計，創新的策略中，並需要有能動態調整，能分析問題，解決問題的實作人才，懂得談判以及模擬技巧，work smart 且有效率的執行 know how，台灣服務業俾能在全球價值鏈中占有關鍵席位。

*（本文原刊登於 2019 年 5 月 14 日《工商時報》）*

# *16*

## 低接觸經濟時代的經營模式與戰略

新冠肺炎疫情肆虐全球，僅僅數月間已有5、6百萬人確診，逾30萬人死亡。在疫苗還未研發完成，多數民眾沒有抗體之前，疫情蔓延危機短時間恐怕難以解除。

各國政府為了有效控制疫情，紛紛採取邊境管制、入境限期隔離、大型聚會人數規範、進入公共場所必須配戴口罩並量測體溫等嚴格的管控措施，並強力宣導勤洗手、室內外保持適當社交距離等防疫衛教。

其中，抑制疫情以及降低感染風險的最好方法就是宅在家，儘量避免人與人近距離的接觸和互動，但是社會也必需要維持一定的經濟活動才不致崩毀，因此，為了維護一個安全無虞的防疫環境，讓消費者安心進行經濟消費活動，以兼顧防疫與經濟發展的平衡，無人化與零接觸服務模式因運而生，開啟了「低接觸經濟時代（Low Touch Economy）」的先河。

Board of Innovation 公司曾針對新冠疫情下的消費行為進行研究，發現「低接觸經濟時代」的消費行為與生活型態有十大特徵。

1. 社會大眾變得更焦慮、孤獨與沮喪，遠端治療與諮詢服務、線上社交軟體快速成長；

2. 民眾對人與產品的衛生信任感大幅降低，重視各場所及接待工作的衛生保健管理，零接觸服務模式相應產生；

3. 各國制定國內外旅遊規範，實施居家隔離措施；

4. 跳脫傳統上班思維，公司必要協助員工適應新的工作型態，優化居家工作環境；

5. 經歷史無前例的全球失業潮，職人多數重新思考了其職涯規劃，再教育與技能訓練需求大幅增加；

6. 疫情延宕諸多契約，國際貿易摩擦加劇，遠端訴訟案件增加；

7. 外帶或外賣服務興起，零售產業遭受嚴重衝擊；

8. 長輩族群使用數位採購比例也開始增加；

9. 居家工作的實施，可能導致員工由職場的單一角色（identity）兼具有工作「自我（ego）」之外的家庭角色「他我（alter ego）」；

10. 具有健康免疫證書的消費族群，擁有獨特的價值，例如，進入校園必須繳交健康證明文件才能放行。

面對「低接觸經濟時代」，台灣企業應可以差異化行銷戰略與創新經營模式，積極研析消費者的真正核心需求與利益（Benefits），尋找市場機會窗口。所謂差異化行銷戰略與創新經營模式涵蓋以下四大創新構面：

1. 時空換新：例如，旅遊業者開發具有吸引力的國內旅遊行程，有效吸引愛好國外旅遊的國人轉向國內旅遊消費；餐飲業者利用外送平台服務在家用餐者。

2. 生態翻新：現在的企業競爭層次已提升至生態體系競爭，如何串聯與整合零接觸服務價值鏈，是成功的關鍵。日前 PChome、PayEasy、ezTravel 等八大線上通路商串連餐飲、旅館百大品牌商建構的「防疫安心店家」跨業平台，就是生態翻新的經典案例。

3. 流程革新：疫情期間，為降低被感染風險，商務出差或家庭出遊大都會儘量避免搭乘大眾運輸工具，自駕車租用市場因此順勢成長。Zipcar 在此時機推出平價隨時租借模式，方便租車主取車，便是流程革新的具現。

4. 服務創新：現階段一切以防疫為優先，但民眾仍需有一定的交際與休閒生活，所以，如何在不違反防疫規定下參加大型聚會，保持社交安全距離，享受防疫的優質生活，是我們努力的目標。「汽車禮拜」、「汽車電影院」等創新服務模式，就是最佳的服務創新案例。

危機就是轉機，每一次危機都創造一些贏家，例如：70 年代石油危機，省油的豐田汽車趁機崛起；90 年代網路泡沫化，催生了電商龍頭 Amazon；2003 年 SARS 來襲，阿里巴巴上線勝出。通常最壞的年代也是最好的時機，在這動盪典範轉移之際，台灣企業宜提前部署，加速企業的數位轉型，並透過科技鏈結零接觸服務價值鏈，出奇制勝，彎道超車，才能在「低接觸經濟時代」中占得優越席位。

*（本文原刊登於 2020 年 5 月 26 日《工商時報》）*

# 17

智慧經濟下的台灣產業發展

台灣歷經了農業經濟、工業經濟、資訊經濟，以及知識經濟等四大經濟發展模式後，如今已正式邁向智慧經濟發展階段。基本上，智慧經濟是知識經濟的進階版，同時具備有知識型、學習型、創新型、以及平台型經濟的特性，除了重視技術創新的能力（速度與質量）外，更力求創意思維、管理與商業模式的創新。因此，在智慧經濟模式下，產品多半針對特定的環境和需求創製，具有專屬性，相較知識經濟的強調技術創新、產品創新以及生產方式創新，智慧經濟模式更加不容易被複製及重複運用。

通常，產業知識化、產業 AI 化、產業數位化，以及產業垂直水平整合等產業發展模式，被視為知識經濟發展的範疇，而知識產業化、AI 產業化、數位轉型，以及生態系統整合等產業發展模式，則被歸類為智慧經濟發展的範疇，例如 Google car、純網路銀行、Airbnb 和 Uber 就是典型智慧經濟發展的案例。

在智慧經濟時代，智慧資本取代原有的勞動、資金、資訊、知識等生產要素，成為創造社會財富的首要基石。所

*一個管理學者的社會責任*

謂智慧資本主要是透過品牌資源、知識產權、創意發展、智慧融合、商業模式創新，以及平台生態體系等方式運作。因此「智慧的創造與組合」、「創意思維能力」以及「管理與商業模式的創新」便是智慧經濟時代企業決勝的關鍵；而人是智慧的載體，培養智慧精英人才將是智慧經濟發展的首要任務。

依據工研院 IEK 預估，2025 至 2030 年台灣的 IoT 與 AI 應用將遍及製造業及服務業，到 2030 年，台灣的 GDP 預估有六成的貢獻將來自數位轉型相關產業。日前國發會也發布針對未來三年台灣重點產業的人才供需調查與推估，在 21 項調查重點產業中，未來人工智慧應用服務產業的人力需求最為迫切，高達 13.9%。

過去幾年，政府及產業界曾多管齊下積極的培育智慧產業人才。例如，科技部 2018 年分別於台大、清大、交大、成大等四所研究型大學設置「人工智慧的創新研發中心」，全力發展台灣 AI 技術；行政院科技會報辦公室曾力邀台灣高科技業者共同推動「AI 領航計畫」，鼓勵業者投入人工智慧

前瞻技術與產品的發展，產出具有國際競爭力的創新產品或服務，進而培育台灣 AI 產業的高端人才。值得一提的是，過去三年，由民間推動的「台灣人工智慧學校」，已完成九期訓練課程，共培訓七千多名 AI 產業人才。

AI 是第四次工業革命的核心，台灣擁有半導體產業與 ICT 產業的優勢。工研院去年擘畫台灣「2030 技術策略與藍圖」，研擬未來 10 年台灣科技研發方向，其中以「人工智慧、半導體晶片、通訊技術、資訊安全與雲端」等 4 項「智慧化共通技術」為最重要。相信只要在產官學研的努力下，定能發揮台灣的智慧價值，共同創造一個嶄新的智慧經濟時代。

（本文原刊登於 2021 年 5 月《工商會務》第 124 期）

# 18

疫苗採購與布局

台灣因諾富特染疫事件引爆本土社區感染，一夕之間失去了防疫模範生的光環。短短幾個星期，確診病例破萬，500多人死亡，致死率超越世界平均數。在分秒必爭的防疫與治疫過程中，突顯了現階段台灣醫療資源與檢測能量的不足，同時也感受到疫苗匱乏的窘境和急迫性，令國人驚覺，過去政府引以為傲的「防疫超前部署」其實經不起嚴峻的考驗，而大幅降低了對政府防疫處置能力的信心。通常，死亡率是勘察一個國家醫療質量的指標，超高的新冠致死率對擁有高醫療與公衛水準的台灣而言，是難以承受的現實。

面對新的疫情挑戰，台灣勢必調整原有的防疫思維與戰略，環境不同，目標不同，戰略也要有所不同。圍堵不再是唯一的重點，在沒有新冠特效藥之前，疫苗是終結疫情的最佳解方，應該視為戰略物質，積極設法獲得充足甚至超額的數量。

和美、日、印度等大國比較，台灣的疫苗採購需求不大，又有國際政治現實考量，在藥廠供貨不足情況下，要跟全世界搶得有限的疫苗相當不容易，所以擁有疫苗自製能力

也是當務之急。台灣醫藥生技產業發達，臨床試驗經驗豐富，又有優秀的生醫人才以及堅強的研發能力，絕對有潛力發展出自己的疫苗產業，這也是政府積極鼓勵及扶植國產疫苗的原因。

研發疫苗首先要解決的是科學問題，而不是國產與否的產業議題，須先通過科學數據的驗證，再來談產業布局與商業模式。沒有科學驗證的支撐，也就沒有產業布局與商業模式。高端疫苗二期臨床試驗已成功解盲，並正在申請台灣緊急使用授權（EUA），通過後，高端就可依約交貨供應國人施打。然而各界對高端疫苗是否具有保護力仍存有疑慮，呼籲應先進行三期試驗，待三期期中報告證明有保護力後才能給予 EUA。同時反對以尚未獲得美國 FDA 認可的「免疫橋接研究」來替代傳統三期臨床試驗。疫苗產業是高度國際化的產業，競爭非常激烈，台灣內需市場不大，唯有國際化，獲得歐美藥證，進軍國際市場，國產疫苗產業才能永續經營。

為因應嚴峻疫情，日本採取的疫苗布局策略是自行研發、代工生產以及國外採購等三種方案同時並重進行。除積極

投入不同疫苗原理的技術開發外（部分藥廠已施行三期臨床實驗），也幫 AZ 代工生產，另外與歐美幾家藥廠也正在洽談中。至於疫苗採購，截至目前簽約採購疫苗的總數量達5、6 億劑，是日本全體國民施打兩劑疫苗的 2 至 3 倍，自用綽綽有餘之外，還可援助他國，推動疫苗外交。反觀台灣，疫情以來只將扶植國內藥廠放在第一優先，獲得授權製造為次要選擇，甚至曾經因為擔心代工會壓縮國內疫苗產能，而放棄疫苗代工的機會。同樣的思維，台灣向國外採購疫苗數量也趨於保守，至今僅購買 2 千萬劑，若沒有採用國產疫苗，根本不敷 2,300 萬國人施打一劑。

日前「次蛋白質技術疫苗」大廠 Novavax 公布第三期臨床試驗結果顯示，具有 90%以上的保護力，對中度至嚴重感染的保護力更達百分之百，並且對全球包括英國、巴西、南非及印度等變種株也有極高的保護力。「次蛋白質技術疫苗」的穩定性與安全性高，不需嚴苛的冷鏈要求，但是研發過程較為繁瑣，影響疫苗開發完成時間。台廠疫苗研發大都使用「次蛋白質技術疫苗」，與現行流感疫苗生產是相同技術。如今 Novavax 已有非常優異的臨床試驗成果，期待高端及聯亞的三期臨床試驗結果也能有優異成績。

持平而論，國際上已有不少疫苗施行三期臨床試驗，並取得歐美 EUA 認證。就風險考量而言，台灣現階段應廣泛施打既有已證實有高保護力的疫苗。高端等國產疫苗則宜儘快施行第三期試驗，早日取得歐美藥證，讓台灣可以擁有自產疫苗，不再仰賴或受制於人，才是長遠與根本之道。

進一步，因應未來新冠肺炎流感化，政府除積極扶植國內廠商開發自有品牌疫苗外，為確保台灣疫苗供應無虞，授權製造模式應該納入台灣疫苗布局戰略的一環，積極尋找授權製造策略聯盟夥伴，打入疫苗國際供應鏈，將「防疫超前部署」提升轉化為「國際供應鏈超前部署」，讓台灣疫苗也能夠輸出並走向國際。

另外，在國際疫苗採購部分，建議台灣可以參考日、韓兩國做法，官民合作，藉由大商社或跨國企業的組織網絡和影響力，協助政府取得疫苗。近日政府授權台積電、永齡基金會，藉台積電和鴻海的產業供應鏈組織與影響力，洽談購買 1 千萬劑的 BNT 疫苗，就是最好的案例。

（本文原刊登於 2021 年 6 月 22 日《工商時報》）

# 19

## 疫苗採購的戰略思維

日前台積電創辦人張忠謀代表台灣出席 APEC 領袖會議，在會中提及，「台灣需要更多數量的疫苗，而且需要儘快取得。」儘快取得疫苗，提高全民施打覆蓋率，以達到群體免疫效果，正是現階段大家努力的目標。

最近鴻海和台積電聯手成功破繭，完成了 1 千萬劑 BNT 疫苗的採購合約，隨後，慈濟也循例和上海復興藥廠簽訂採購 5 百萬劑疫苗，期待可及時化解台灣疫苗短缺的困窘。兩批 BNT 疫苗採購採取了政府背書、民間執行的官民合作模式進行，由鴻海和台積電充當先鋒「白手套」，出面與上海復星醫藥洽談，成功避開大中華區政府採購的政治敏感問題，突圍完成合約。1,500 萬劑疫苗預計最快 9 月底後可分批到貨。從政府授權到全案底定，短短不到三個星期，官民合作模式中，民間企業採購的彈性與執行效率彰顯無遺。

高端新冠疫苗近日也通過台灣緊急使用授權（EUA），是台灣第一家核准專案製造的廠商。政府首批購買的 500 萬劑中，預計 8 月可以開始生產少量供國人施打。

總計台灣現有政府採購的疫苗數量約 3,000 萬劑，加上美、

一個管理學者的社會責任

日捐贈及民間主動採購捐贈共約 2,000 萬劑，全數取得後恰恰得以滿足全國每人接種 2 劑所需。

但目前全球疫苗現貨市場仍是需求大於供給，屬於賣方市場，而且供貨不穩定。截至今日台灣自購疫苗到貨僅有 306 萬劑，各疫苗到貨比率以莫德納 22.8%最高，其餘牛津 AZ 為 13%，COVAX平台 12.8%，都是交付進度嚴重落後狀態。因此，政府採購疫苗的思維，不能僅僅專注在疫苗採購的數量，必須將疫苗到貨的風險也納入考量。採購管道宜多元化，選擇二、三品牌為標的，則不至於因為太分散，單一品牌購買數量太少，而弱化了採購談判籌碼，或因為缺乏規模經濟，影響疫苗施打的進程與配置。

為了有效防禦變種病毒再度侵襲，樂見政府已提前部署明後年的疫苗採購作業，完成增購包含次世代追加劑型在內，共 3,500 萬劑莫德納疫苗，將於 2022 年先交貨 2,000 萬劑，2023 年再交貨 1,500 萬劑。然而，在 COVID-19 的醫療藥物問世之前，一年 1,500～2,000 萬劑疫苗的覆蓋率約 60%～85%，就採購數量而言，似乎有些保守，而且採購單一品牌，供貨風險相對也可能較高。

*19  疫苗採購的戰略思維*

政府進行防疫危機管理時，須同時考量其成本與經濟效益。例如，採購足量或超額疫苗雖然會增加經費，但與數以千億的紓困補助支出相比較，實是小巫與大巫。就國家治理決策而言，這筆超額購買疫苗的支出，並可視為健康與經濟危機管理的保險費用。絕對可以助益達成現階段儘快回歸正常生活與經濟動能的首要目標。

今年上半年台灣陷入疫苗不足困境，下半年則有疫苗到貨與施打進度的不確定難堪。一般而言，疫苗採購作業極為繁雜，除要預估採購數量、事先規劃存放地點與設備、考量疫苗使用效期與防護力、民眾施打意願與進程，以及施打人力配置等等因素外，還需要取得防疫與經濟發展的平衡。簡言之，政府疫苗採購不僅要提前部署，更須有戰略思維，在設法儘速儘量採購充足的國際疫苗外，不論是促成國產疫苗研發或是國外品牌代工生產，台灣必須疫苗可以自給自足，不再受制於人，才能化危機為轉機，才能在保護國人行有餘力時，協助全球弱勢國家共同抗疫，善盡國際社會責任，深化聯合國的永續發展目標（SDGs）。

（本文原刊登於 2021 年 7 月 27 日《工商時報》）

一個管理學者的社會責任

# 20

## 供應鏈重組與台灣因應之道

最近供應鏈重組的議題在產業界受到新一波的關注，供應鏈重組的起因探討也從單純的生產成本和效率考量，轉變為產業安全與國家安全的決策模式。這一波供應鏈重組肇因於美中貿易戰與科技戰，以及中國生產成本的上揚。2020年爆發至今的新冠病毒疫情重創各國經濟，則是加速國際間供應鏈重整的助力。台灣居處國際供應鏈的一環，該如何調整角色及定位，以鞏固既有的供應鏈關鍵位置？又該如何開創新的產業發展機會？

過去供應鏈重組的思維大多從利益層面權衡，決定經濟效益較高的生產據點。新冠疫情對全球供應鏈的影響則較為複雜，必須將供應鏈斷鏈的產業安全納入考量，因此「碎鏈化」或「短鏈化」的全球多核心生產據點應運而生。同時，為確保供貨安全，跨國區域製造中心的設立將成為主流趨勢，中國不再是唯一的世界工廠。中國市場在中國製造（In China, for China），歐洲市場在歐洲製造（In Europe, for Europe）。

至於美中貿易與科技爭霸戰對全球供應鏈的影響，牽涉層

178

面更廣。除了要考量產業整體經濟利益外,更涉及產業科技發展藍圖,以及是否選邊站的國際政治問題。

美國自從與中國重新定義雙方關係後,美中相爭的局勢已成現實,雙方關係由「戰略夥伴」轉變為「戰略對手」,爭霸的勝負關鍵就在於科技競逐。美中各自追逐關鍵科技的「自主與創新」,並且都致力保障其尖端科技產業供應鏈的安全,以避免被對方扼住頸脈。持續演化的結果,未來美中必將訂定各自的產業規格與標準,全球勢必發展成為「一球兩制」的供應鏈體系。

在所謂「修昔底德陷阱」中,原有國際霸主地位的美國,在中國強力崛起的威脅下,除了積極加強關鍵科技產業本土化外,為求「自主與創新」,半導體、航太等領域的研發合作更紛紛與中國「脫鉤」,另透過國際盟友籌組「信任夥伴聯盟」,建立一套具安全、信賴與彈性的供應鏈體系,如,與紐、澳、日、韓、印、越等國共同推動「經濟繁榮網絡」,開闢中國以外的第二軌供應鏈;與日、印、澳等國組成「四方安全對話」,聯手重組「稀土供應鏈」等。

積極增修相關法案與措施，鼓勵全球高科技廠商前往投資，則是美國另一重要策略。日前參議院批准的一項法案，編列了 520 億美元，目標 5 年內大幅提升半導體晶片的生產與研究，立刻吸引台積電、三星等半導體廠商前往設廠。美國對中國並實施戰略性高科技貨品輸出管制，禁止高性能晶片及超級電腦等產品出口至中國，以防止中國關鍵科技快速發展。邀請台積電赴美投資晶圓廠，但限制台積電為華為代工等作為，即是最好的案例。

為因應美中爭霸戰，以及「一球兩制」供應鏈體系未來的發展，台灣廠商宜提前部署。首先，台商應積極加入以歐美日為核心的「信任夥伴聯盟」，協助完成一個安全的韌性供應鏈體系。其次，建議台灣廠商以半導體為嫁接，擴大與歐洲及美、日等國的新興領域合作，打造台灣成為亞洲高階製造、半導體先進製程、綠能發展以及高科技研發等四大中心，以促使台灣產業轉型，並進一步得以定位為亞洲新生產基地的技術整合者，深度融入國際分工體系，鞏固台灣在全球價值鏈的地位。

（本文原刊登於 2021 年 9 月《工商會務》第 126 期）

一個管理學者的社會責任

# 21

元宇宙的發展與挑戰

近來探討元宇宙和非同質化代幣（Non-Fungible Tokens，簡稱 NFT）的話題風靡雲湧，對元宇宙都存有很大的期待與想像空間，但離現實生活卻有些遙遠。元宇宙是否會成為數位烏托邦，或因為被過度美化而對人類文明帶來負面影響，值得我們關注與探討。

「元宇宙」一詞英文 metaverse，源自作家尼爾‧史蒂文森（Neal Stephenson）1992 年創作的科幻小說《雪崩》，其中所描繪一個虛擬實境未來世界的名稱。元宇宙目前尚未有明確及統一的定義，唯發展的主要目標是透過這個 3D虛擬空間，以及 VR 眼鏡、AR 眼鏡、手機、個人電腦和電子遊戲機等裝置，可以讓虛擬分身代替現實的人或物於各個相連的虛擬世界中暢行，體驗「平行世界」的新生活。

元宇宙涵蓋廣泛，最主要的三個特性是：「數位分身（Avatar）」、去中心化的「共識性價值體系」、以及「沉浸式體驗」。其基礎設施和服務內容的產生都是遵循著需求驅動（demand-driven）的法則，相較於舊有虛擬實境是以供給者為中心，使用者只能選擇供給者提供的物件或選項，元宇

宙則是以使用者為中心，使用者可以自行開發、製作內容與物件，進行販售以獲取收益，形成特有的數位經濟體系。

元宇宙經濟是一個對所有人開放的全球數位市場，是一套高度數位化和智慧化的完整閉環經濟體系，一種區塊鏈和智慧合約鏈結的新經濟模式。各個虛擬世界所使用的貨幣可以相互交換，還可以帶回到現實世界中運用，也就是元宇宙與現實世界可能即時互通，緊密聯結虛擬與現實兩生態。

NFT 是元宇宙經濟體系中的核心要素，它是一種在區塊鏈技術下的加密數位憑證，載記著虛擬藝術品或收藏品等數位資產的所有權，具有獨一無二、不可替代、不可分割、可追溯性、永久保存等特點，不僅能夠實現數位資產版權確權、去中心化的交易流通，還能對用戶提供收藏性、投資性與功能性等等消費價值。所有物項存在都可以 NFT 為憑，因此 NFT 的出現對元宇宙的數位內容資產化與數位資產的發展有非常大的助益。

但是，現階段元宇宙在實際應用上仍存在著困頓。除了 VR 眼鏡 360 度的資料傳輸效能未達到十分理想，以致使用者在突然轉頭時，會因為場景轉換的瞬間延遲，造成暈眩外，未來元宇宙落地過程中，還存有各種棘手挑戰。

首先，元宇宙由誰來建造與運營？是由現今的 Meta、Google、Microsoft 等科技大廠，還是由未來的若干新創企業透過分散式自治組織（Decentralized autonomous organizations）來主導？若是前者，那麼這些科技巨頭為了搶奪「元宇宙」商機，勢必運用他們既有大數據與演算法的核心優勢取得資訊壟斷，對市場競爭將產生負面影響。若是後者，則如何建立區塊鏈信任的組織與法律爭端機制，會是一大考驗。元宇宙必要有一套明確的審查制度與規範，才能有效聯結各種不同系統開發出來的虛擬世界。

其次是資訊安全、道德及倫理的問題。在「元宇宙」浩瀚的虛擬世界中，人們幾乎任何活動都可從事，如何保護個資與防止人格權被侵害，成為元宇宙是否能被信任及高度發展的關鍵。又，在「元宇宙」場域出現不當或違法行為，該

屬於哪一國家管轄，適用哪一國家的法律？或者有必要修訂屬於「元宇宙」的專法？在在牽涉現有國家利益與法律的詮釋。

環保與節能是另一個必須思考的問題。元宇宙使用的貨幣是以區塊鏈為基礎的加密貨幣，交易過程必須運轉高端的算力，耗費大量的電力。SuperRare 區塊鏈交易平台估計，運用 NFT 交易的過程，平均一次產生約 48 公斤的二氧化碳。因此，如何開發「低碳」或「零碳」的區塊鏈交易模式，是元宇宙永續經營必須面對的課題。嘗試開發耗電量較少的新興區塊鏈系統交易平台，或規劃綠色投資、設立碳吸收補償機制等措施，也許可為參考的解決方案。

元宇宙的發展若能突破目前困境，未來有可能影響人們的精神世界與整個物質世界，個人需要及早從事相應的職涯規劃。元宇宙世界裡數位資源是無限的，數位分身既可瞬間移動，又可同一時間並存多個，個人的生產效率自然得以提高。其面具效果則不僅可以消除真實世界人與人互動的社會偏誤，也可以透過 AR/VR 技術讓有生理限制或傷殘

的人們在元宇宙裡重新享受經濟與社交生活，而創造力就是數位分身在元宇宙成功立足立業的要素。因此，迎接未來的元宇宙世界，著手規劃個人職涯轉型，建立專屬的數位信用與核心競爭力，應該被視為緊要之務。

（本文原刊登於 2022 年 6 月 23 日《工商時報》）

一個管理學者的社會責任

# 22

NFT 的另類應用：打一場
新型態選戰

自 2021 年 3 月美國藝術家 Beeple 在佳士得，以約新台幣 19 億元的天價賣出其作品《Everydays: the First 5000 Days》後，掀起了一波非同質化代幣（non-fungible tokens, NFT）藝術品拍賣的熱潮，NFT 因此成為顯學，尤其是年輕藝術家們無不期望也能透過這種商業模式，高價賣出自己的創作。

NFT 是一種加密數位憑證，具有獨特、不可分割、可追溯性的特點，並為用戶提供收藏性、投資性與功能性等多種消費價值。不僅僅應用於藝術，更可廣泛應用於遊戲、音樂、時尚、醫療、健康、運動、房地產、娛樂、物流、教育、零售、餐飲等領域。

產品稀缺性和賦能是吸引消費者購買 NFT 的兩大關鍵要素。限量產品的稀缺性彰顯數位資產的獨特價值，而賦能即附加價值，如獲得贈品、獨家資訊，或可以參與專屬活動、取得特定款式遊戲的使用權等。一般而言，NFT 的消費族群可區分為三種類型，第一類是為賺取 NFT 價差而投資的消費群，第二類是娛樂或遊戲玩家，第三類是品牌忠

誠的粉絲消費群。然而，隨著 NFT 假貨與投資詐騙事件層出迭現，第一類投資族群的市場規模與發展前景著實受了挫折。

至於 NFT 導入遊戲產業後，則因促使遊戲公司重新拿回經濟活動的主導權，NFT 遊戲市場蓬勃發展，吸引眾多的第二類娛樂及遊戲玩家。根據 DappRadar 2022 年 1 月的數據顯示，2021 年區塊鏈的遊戲總數高達 1,179 款，較 2020 年成長 71%。在遊戲虛擬世界中，NFT 代表遊戲內部的資產，對玩家具有其功能性用途，例如，在遊戲中可轉換為燃料以提升戰鬥速度，達成提高遊戲玩家的戰績。

在實務應用上，第三類品牌忠誠的粉絲行銷最為常見。例如 2021 年，可口可樂為了慶祝國際友誼日，與 Tafi 公司合作推出「The Friendship Box」NFT 系列產品，成功的在 OpenSea 平台上售出「復古販賣機」、「紅色泡泡夾克」、「開瓶音效」以及「友誼卡」等 4 件 NFT 產品，最終拍賣價高達 217.4 以太幣，全數捐贈給國際特殊奧運會，完善一項 NFT 慈善公益活動。

台灣企業也有不少成功的 NFT 品牌行銷個案，師園鹽酥雞就是一個案例。2021 年師園在 OurSong 平台上發行鹽酥雞 NFT 系列憑證，並且每一次交易完成，新買家即有福利，可持 NFT 憑證前往師園兌換一份鹽酥雞。這項創新商業模式成功的讓師園數位轉型，使老店「變潮」，並創造話題，迅速提高師園鹽酥雞在全台的知名度。

今年台灣九合一地方選舉將於 11 月 26 日舉行，就品牌行銷觀點而言，打選戰就是一場候選人個人的品牌行銷與粉絲經營之戰。

近來打選戰已逐漸走向數位化，除了傳統印製海報傳單，舉辦實體政見發表會外，候選人也開始以懶人包方式，透過各社群媒體傳達參選政見，並籌組網路粉絲團，以「網紅直播」方式開啟網路新戰區。當前 NFT 風潮方興，勢必加大數位選戰的應用場景與影響力。

在數位選戰中，候選人可以打造一個完美的虛擬政見發表會，更可以進一步考量發行候選人 NFT 憑證，進行小額募

款，並闢新蹊徑以現代科技行銷候選人，拉近與年輕族群的距離。

傳統選舉募款，捐款人拿到的是一張普通捐款收據，發行NFT憑證則具有稀缺性與紀念性，限量候選人 GIF 圖檔或特定秒數競選短影片的憑證，更可以提高收藏價值，吸引支持者與粉絲投資購買。尤其在候選人當選之後，NFT 憑證價值必然水漲船高，可在交易市場獲得出售利益。

發行候選人 NFT 憑證是 NFT 的另類應用，就品牌行銷而言，一方面可以藉由新技術來驅動支持者及粉絲，增加選民對選戰的關切與體驗，建立起以支持者與粉絲為中心的社群生態系統。同時也可以藉由賦能活動強化候選人與支持者及粉絲之間的社群互動，完成集思政策建議、協辦政見發表會、輔助催票與固票等共同參與競選的過程，形塑一場不一樣的新型態選戰。

（本文原刊登於 2022 年 7 月 19 日《工商時報》）

# 23

## 綠色轉型與台灣經濟遠景

2015 年 9 月，聯合國宣布了「2030 永續發展目標」（Sustainable Development Goals, SDGs），內容涵蓋消除貧窮、促進健康生活與福祉、優質教育、減緩氣候變遷、綠色經濟、韌性基礎建設、促進性別平權、潔淨能源、永續國土等層面的 17 項核心宗旨，其中又細分為 169 項具體目標、230 項參考指標，並且訂出 2030 年前需完成的項目，指引全球邁向永續。

由此觀之，國家的永續發展，不能只考慮經濟層面，更需關注社會公義與環境永續的課題，藉此帶動全方位的國家發展，進而營造一個公平、公正且包容的社會，使得各階層國人皆能分享經濟成長的好處。換言之，國家永續發展是以「人」為本的包容性經濟成長思維，同時包含「人民發展的機會」、「薪資所得的增加」、以及「生活環境的提升」等三個面向。

2022 年 1 月，世界經濟論壇公布「2022 年全球風險報告」中，氣候變遷被列為未來十年內地球將面臨的最大威脅，全球因而掀起一波環境永續「淨零排放」的風潮，同年 3 月政府也提出了第一版的「臺灣 2050 淨零排放路徑及策略總

一個管理學者的社會責任

說明」，提供至 2050 年台灣「淨零排放」的軌跡與行動路徑，引導台灣產業綠色轉型，期以帶動新一波經濟成長。

行政院為了達成 2050「淨零排放」目標，首先由國發會推出 12 項關鍵策略，並由各部會進行細部規劃。此 12 項關鍵策略，涵蓋風電光電、氫能、前瞻能源、電力系統與儲能、節能、碳捕捉利用及封存、運具電動化及無碳化、資源循環零廢棄、自然碳匯、淨零綠生活、綠色金融，以及公正轉型等項目。

依據國際能源總署評估報告，「淨零排放」所需的創新科技多數還在研發中，必須於 2030 年以前開發完成，方能達成 2050「淨零排放」目標。因此，2050「淨零排放」的「綠色轉型」路徑規劃，可進一步區分為「低碳轉型」與「淨零轉型」兩個階段。2030 年前，以「低碳轉型」為主，包括減少燃煤使用、製程改善、提高能源使用效率、開發各種綠能、強化能源循環利用等方案；2030 年後，則朝向零碳發展的「淨零轉型」目標邁進，除建立碳匯生態系統，調整能源、產業結構與社會生活型態外，必須導入突破性技術方能竟其功，此包括負碳、永續能源、碳捕捉再利用及封存，以及氫能發電等創新技術與應用。

「綠色轉型」是企業永續經營之路，也是當今最急切的國際賽局，對以貿易出口導向的台灣經濟體而言，更彰顯其重要性。然而，台灣普遍缺乏綠色永續經營管理人才，尤其是中小型企業，對如何「綠色轉型」，並無相關知識與經驗，不知從何處著手。因此，怎麼在短時間內，快速培育「綠色轉型」產業人才，乃為當務之急。另外，有效出版實用易懂的工具書，提供企業「綠色轉型」解決方案的操作指南，也是刻不容緩。

日前個人受邀參加 112～115 年「經濟遠景工作坊」，出席與會專家最終以「永續包容創新」做為 2035 年台灣經濟發展的遠景目標，並以綠色永續發展、ESG轉型、包容性成長、韌性經濟，以及創新生態系為其核心要素。此「永續包容創新」遠景目標，除呼應 SDGs 宣示的永續發展核心價值外，亦涵蓋新地緣政治與後新冠疫情下的戰略布局。為能有效確保台灣高科技產業的發展與安全，台灣應積極加入以歐美日為核心的「信任夥伴聯盟」，從而建立一個安全的韌性供應鏈體系，進而強化台灣企業在全球產業供應鏈的關鍵地位。

（本文原刊登於 2022 年 9 月《工商會務》第 132 期）

一個管理學者的社會責任

# PART 3 新南向篇

# 24

新南向政策
真的可以為台灣殺出一條活路嗎？

台灣對大陸出口比重高居不下，近年來直達 40%，開拓新興市場以分散出口風險，一直是政府倡議與努力的目標，具體成效卻令國人質疑，反映出南向政策有其困難之處，現在新政府再喊出「新南向」，可有思考過以前沒有成功的原因？據此，新南向政策若要想要彰顯成效，新政府不能只是喊喊口號、做做表面功夫，一定要有新思維和新經貿戰略，方能突破困境。

誠然不願見到政府只是空談、更期待新南向政策能有所突破，個人提出以下建議：

**1. 與當地政府洽談設立台商投資與商貿專區。**

台商對新興市場並不熟悉，除了語言不通、宗教不一樣、政治文化與生活習慣皆不相同外，台商對當地民眾的消費行為，產業結構與廠商競爭情況也都不了解，因此擴展當地市場相當不容易。倘若能與當地政府洽談設立台商投資及商貿專區，以集體投資及商貿方式從事，除了可以享受較低的關稅與較好的貿易條件外，更重要的是可以發揮群聚綜效，團體作戰，開拓新市場就相對容易多了。

*一個管理學者的社會責任*

## 2. 設立單一服務窗口。

台灣大部分都是中小企業，不可能如先進國家或大型跨國企業一般擁有雄厚的資金投入國際行銷與市場開發，尤其是對不熟悉的新興市場。況且不同國家對其產品也各有其特別的規定，例如台商要進入穆斯林的印尼市場，必須先解決 POM、SNI、清真認證等問題，又當地消費者的生活型態、消費行為、行銷通路、競爭廠商、當地政府的政策資訊法規等，都不是中小企業之力可能掌控。因此設立新興市場單一服務窗口，服務這些廠商有其必要性與急迫性。

## 3. 鼓勵大學成立東協、印度以及穆斯林等新興市場研究中心。

建議台、清、交以及政大與成大等一流大學，成立新興市場研究中心，協助廠商開拓海外新興市場。並提供獎學金招收新興國家優秀學生來台就讀，提供研究經費予新興國家之研究學者、智庫與退休官員來台進行短期訪問，強化雙方高層的互訪以增加對彼此政府政策的瞭解，使各大學成為新興市場研究的重鎮，協助廠商有效的開拓海外市場。

### 4. 鼓勵旗艦廠商領軍開拓新興市場。

過去台商擅長以單打獨鬥方式，一卡皮箱闖天下開拓海外市場，創造出台灣人的經濟奇蹟。但是面對詭異多變的市場，單打獨鬥恐怕耗時費力，風險也大增。唯有團體作戰以打群架方式，台商才能突圍，勇闖新興市場。台灣櫻花廚具最近正計畫號召台灣居家優質品牌廠商，一起前往印尼，聯合當地設計師設計並展覽其居家生活用品。除了透過設計師渠道連結當地建案，爭取 B2B 商機外，甚至考慮將櫻花廚藝生活館的經營模式移植至印尼當地，提供整案輸出的服務模式。

### 5. 組成國際標案團隊進軍海外市場。

未來新興市場將成為世界經濟成長的火車頭，新興國家市場政府標案的市場潛力無窮，我政府部門應有系統的培育熟悉國際標案的投標人才，培養具備能力與經驗，可以協助開發中國家解決問題的專家，鼓勵廠商組成國際標案團隊，進軍海外市場的國際標案或政府標案。

### 6. 善用華僑及台商力量建置人脈資料庫。

為了進一步強化新興市場的情報收集，政府應該善用華

僑及台商的力量，建置人脈資料庫以結合在地商業網絡開拓商機。可以考慮聘任傑出的華僑領袖或標竿企業家為經貿親善大使，透過其經營網絡與人際關係，收集相關動態的市場資訊，協助中小企業開拓新興市場。

## 7. 盡速加入 TPP、RCEP 等區域經濟合作組織避免被邊緣化。

台灣市場狹小，必須加入自由貿易協定（FTA）才能打破市場障礙並擴大市場規模。台灣若無法加入 TPP、RCEP 等區域經濟合作組織，出口競爭力會進一步惡化，對台灣的電機電子、塑化、鋼鐵金屬、成衣、機械設備等產業造成嚴重影響，同時也會威脅台灣中間財產業的發展，造成台灣產業斷鏈，進而形成台灣產業空洞化。

## 8. 以民間企業為主體，加入一帶一路計畫，擴大台商國際化層次，進軍東亞及南亞市場。

雖然台灣要以東協市場取代大陸市場，是不太可能的事情，最多只能降低台灣對大陸市場的依賴。台商應該思考借力使力，加入一帶一路計畫，進軍東亞及南亞市場。

（本文原刊登於 2016 年 6 月 2 日《工商時報》）

# 25

前進印度市場台商
如何破繭而出？

開拓南亞市場是新南向政策的重點之一。所謂新南向政策，和舊南向政策最大的不同點在於「三新」，即新的範圍、新的方向和新的支撐。其中「新的範圍」是將市場範圍由東協十國延伸到南亞六國—印度、孟加拉、斯里蘭卡、巴基斯坦、不丹、尼泊爾。印度市場則是南亞最重要的主力市場。

印度今年首季國內生產毛額（GDP）成長 7.9%，遙遙領先中國大陸的 6.7%，成為全球經濟成長最快速的國家，加以印度莫迪政府正積極效法過去中國大陸經濟發展模式，力拚印度成為下一個全球製造業和出口重鎮，因此不久極有可能取代中國大陸成為下一階段全球產業及國際資金匯聚的地方。台灣如果能順利搭上這一班經濟成長列車，必能為國內的經濟成長注入一劑強針。

其實政府近年來一直都強力鼓吹台商前進印度市場，只可惜成效不佳。開拓新興市場不能依賴傳統的行銷理論與策略規劃，必須有新的思維模式，適地化以及創新經營正是有效落地實踐的成功之鑰。新興市場的關鍵影響因素通常

一個管理學者的社會責任

是價格競爭。顧客的價值主張是買得起以及買得到，針對此市場未滿足的重要需求，必要設計出嶄新的商業模式。

例如，早期諾基亞在印度市場推出具有手電筒功能的特製手機，以及推出家庭五人共用五個門號，讓大家都買得起的 30 元手機，便曾經為諾基亞在印度市場搶下 50% 的市佔率；另外，塔塔集團在印度市場推出 2,500 美元的 Nano 微型車，以及 Godrej & Boyce 公司在印度市場推出重量僅 7.8 公斤，價格 69 美元，電池供電的 ChotuKool 小冰箱，都成功的快速打進當地市場。都是適地化以及經營創新的經典案例。

康陽公司是台商在印度市場經營成功的典範案例。康陽是一家生產醫療輔具的公司，2008 年進軍印度市場，因為不熟悉當地市場環境，遭遇到物流送貨與收款的困難，康陽公司於是開始尋找策略合作夥伴，與當地物流公司合作，貨到收款。為能深耕印度市場，康陽公司也與當地時代集團媒體聯盟，以整合行銷技術入股方式，分五年時間協同合作。由於與當地媒體合作，深入了解當地消費者生活習

慣與購買者行為，訂定有效的行銷組合策略，推出了能迎合當地消費者喜好的產品。此一整合行銷技術入股合作方式，對台商進軍新興市場確實發揮成效，康陽公司的輪椅銷售，目前市佔率已高達五成左右。

台商在新興市場渠道建置不易，交易風險也高，因此大都以現金交易，使得高單價商品的市場擴展困難。倘若能以租售模式取代現金交易，銷售量將會大大提升。只可惜租售交易模式在新興市場尚未普遍，政府若能鼓勵台灣的金融機構，例如中租迪和等，積極投入新興市場以擴大租售交易服務模式，台商開拓新興市場便可輕鬆許多。此外，逆製造模式也是一種創新經營的商業模式，以往都是先進國家品牌廠商委託新興國家代工生產，逆製造模式則是反向，由新興國家廠商推出品牌，委託先進國家廠商代工生產。例如中國大陸社稷品牌（Sorgere）委託義大利公司為其製造商，成功打造了中國第一個奢侈男裝品牌。相信將來會有更多的類似成功案例，或許台商也可以思考藉由此種逆製造模式，推出自有品牌行銷海外新興市場。

適地化以及創新經營是進軍新興市場的勝利方程式。新南向政策以及開拓印度市場要能落地有效執行，一定要有新思維和新經貿戰略，才能突破困境，在異域勇占鰲頭。

（本文原刊登於 2016 年 6 月 22 日《工商時報》）

# 26

以大戰略與創新運營模式
導引新南向政策

新南向政策口號喊得震天，又大張旗鼓在總統府成立新南向辦公室，然而具體內容至今尚未定章，只知道相關部會還在研擬階段。倘若新南向政策是新政府重要的政策，為什麼千呼萬喚，仍遲遲喚不出一完整具體的政策內容？新政府上台即將屆滿三個月，總統勝選至今也有七個月的時間，難免讓國人覺得新政府其實還沒有準備好就執政了，同時也開始對新政府的治國能力產生質疑，新政府切莫掉以輕心。

加以這段期間，台塑越鋼 5 億美元賠償案、義聯集團越南鋼鐵建廠撤出案，以及立法委員蘇治芬護照遭越南扣留等事件，接二連三的發生，鬧得沸沸揚揚，一時之間新南向政策的可執行性不由令人質疑，而相關部會發言人僅以單一個案不影響新南向政策的推動來回應，檯面上並不見政府採取任何明顯的積極作為，自不免要讓民眾感到失望與無奈。

政策能夠有效執行，通常天時、地利，與人和是重要關鍵，缺少任一環，再好的政策也必是事倍功半。當此政府起步推動新南向政策之際，台塑越鋼事件來得不是時候，

可謂出師不利。惟有儘快提出創新的南向大戰略，以及耀人耳目的亮點行動方案，才有可能力挽狂瀾。

平心而論，小英政府提倡的新南向「三新」政策（即新的範圍、新的方向、以及新的支撐）並無太大的新意，與馬英九政府時代所倡議的新鄭和計畫、優質平價等計畫的內涵差異不大，僅換湯不換藥。目前新南向政策所揭示的，以及被批判最多的是，政策缺乏頂層設計的大戰略與創新運營模式。針對這點，個人從解決問題（problem solving）導向的思維，嘗試提出以下建議供政府擬定相關政策時參考。

首先，三大市場區隔的新南向戰略布局：東協與南亞各國的經濟發展狀況與宗教文化差異頗大，台商必須針對各國的區域發展情況以及市場需求擬定不同的市場區隔策略，建議如下：

其一，以越南、緬甸，柬埔寨地區為主要生產基地，生產東協地區由脫貧至小康所需的居家生活、醫療保健、以及健康美麗等商機之產品，除外銷其他國家外亦可提供東協當地市場所需。

其二，以印尼為清真基地，行銷全世界穆斯林市場。印尼有 2 億 4 千萬人口，大部分信奉回教，是穆斯林的大本營，台商可考慮以印尼為清真基地，將清真產品行銷於佔有全世界四分之一人口的穆斯林市場。

其三，以出口貿易模式搶攻印度內銷市場。印度共有 29 個邦，12.7 億人口，雖然每個邦的語言與宗教文化有所不同，市場潛力仍非常龐大。由於印度的產業基礎措施尚未健全，內銷市場卻是潛力無窮，因此，建議可先以出口貿易模式搶攻印度內銷市場。

此外，因為語言、宗教文化的不同，多年來台商開拓東協與南亞市場並不順利，應優先針對其困難點尋求解決方案，建議以下四項：

1. 鼓勵智庫（工研院、商研院、中經院、台經院、資策會等）以及相關財團法人以聯合艦隊方式，一起在東協與南亞國家設立分院。初期可以越南、印尼，印度三個地區為先設據點，結合貿協與駐外代表處等單位，協助廠商開拓並深耕東協與印度市場。

2. 鼓勵各研究型大學或具特色之科技院校成立東協與南亞市場研究與運營中心，有系統的培育人才、開拓新興市場，並吸引全世界包括台灣、東協與南亞國家的學生、研究學者、廠商、退休官員等產官學研機構與人員進駐，將該中心型塑成為世界級的東協與南亞市場研究重鎮暨運營育成實驗基地。

3. 研擬一套誘因機制，積極鼓勵企業與研究機構前往東協與南亞國家設立據點，並開拓海外市場。例如補助彈性薪資給遠赴印度市場開疆闢土的外派工作人員（包括學校教師、研究生、智庫研究員、企業外派主管），以及提供企業必要的諮詢與優惠融資協助等。

4. 積極承辦與落實有利開拓東協與南亞國家的政策，例如與當地政府洽談設立台商投資與商貿專區，鼓勵系統服務及整廠（案）輸出，設立單一服務窗口等。

長久以來政府耗費太多時間與資源在政策的研擬與規劃研究，對落地實踐的行動方案較少關注。換言之，政府花較多精力在 know what 與 know why 上，而較不重視 know how

方案的執行與調整，殊不知 know how 才是政策成功的關鍵所在，這個認知也就是為什麼民間企業通常擁有較佳執行力與績效的緣由。我們希望政府能夠改變心態與作為，由傳統分析與規劃者的角色提升及轉化為實踐者，經由做中學( learn by doing )來調整政策，尋求最佳可行的執行方案。並以解決問題導向思維，擬定國家政策方針，如此才能大幅提升政府的執政效能與效率。

（本文原刊登於 2016 年 8 月 17 日《工商時報》）

一個管理學者的社會責任

# 27

消費者洞察與政策新思維是
拓展印度市場的金鑰匙

「新南向政策」已正式啟動，相關工作也正全力展開，日前蔡英文總統參加「2016年台灣-東協對話研討會」時，即提出「增進相互瞭解、穩步拓展雙向交流、強化全面的夥伴關係」，做為未來推動「新南向政策」的三大目標，希望透過官方互動、企業投資，將來能為台灣與東協、南亞關係寫下新篇章。最近川普當選美國總統，貿易保護主義抬頭，加以兩岸關係短期間無法解套，未來新南向「定點」築巢更顯重要，政府需有一完整的戰略規劃與行動方案，聚焦、創新與集中資源，方能有所成效。

最近一次 MSCI 調升新興亞洲國家權重，中國、印度、泰國為大贏家，其中印度的經濟基本面不僅優於歐美等已開發國家，也較中國和其他新興國家強健，2016年第2季國內生產毛額（GDP）即較去年同期增長 7.1%，已連續5季維持在 7% 以上的高成長水準，預估今年經濟成長率為 7.6%，是全球經濟成長增速最強勁的國家之一。印度有13億人口，市場潛力龐大。莫迪政府又積極發展經濟，已然成為下一階段全球產業及國際資金匯聚的地區。台灣如能積極布局印度市場，必能分享其經濟成長的果實。

在政府宣示與東協、南亞等國家打造強而有力的全面夥伴關係的同時，個人提出以下建議，希望能對開拓印度市場有一些助益。

1. 善於利用印度台商網路建立商情回流機制。

印度共有 29 個邦，各邦的語言、宗教文化各有所不同、產業基礎措施多尚未健全、貧富差距大、市場異質性高，拓展並不容易。台灣政府近年來一直鼓吹台商前進印度市場，成效不佳的最主要原因便是新進台商對印度市場不熟悉，不了解當地各消費客層的生活型態、價值觀與購買行為，缺乏消費者洞察（consumer insight）。因此，商情蒐集是為首要工作。

例如，近年來印度經濟快速發展，脫貧進入小康的新中產階級人口大幅增加，包括居家生活、健康美麗、醫療保健等用品的市場因而商機無限。又印度人口平均年齡只有 26 歲，1990 年後出生的人口數為 7 億 3 千萬，占總人口數一半以上。這些 90 後年輕世代的消費特色不同於年長消費者，喜愛嚐鮮、購買力強，花錢不手軟，可以為購買喜歡的手機等 3C 產品，幾個月節衣縮食，必達目的。這就是現下印度年輕世代的消費行為。

**27　消費者洞察與政策新思維是拓展印度市場的金鑰匙**

當地台商擁有第一手的資訊，可透過國際商情回流機制，將資訊回流到經濟部各局處及相關法人智庫等，建立一個完整且具有加值性的資料庫，以有效協助新進台商開拓印度市場。

2. 印度市場貧富不均，城鄉差異頗大，開拓印度市場宜以城市商機為分析單位，初期以新德里、孟買、班加羅爾等城市為首要目標市場。

尤其孟買是印度人口最多的城市，擁有 2,300 萬人，和台灣人口相當，中產階級占 45%，為全印度富裕層的 16%。

3. 強化新南向打群架的機制。

積極與印度政府洽談設立台商投資與商貿專區，鼓勵系統服務及整廠（案）輸出，協助台商赴印度建置供應鏈體系。

4. 鼓勵財團法人商業發展研究院結合貿協等相關法人，前往印度設立分院。

商業發展研究院多年來執行國貿局優質平價計畫，累積不少消費者洞察資訊，也輔導若干廠商成功進入印度市場，但因該計畫預算有限，無法具體有效帶領台商大規模進軍，政府應可挹注經費鼓勵其在印度設立分院，更直接協助台商開拓並深耕印度市場，並儘速成立台印智庫平台。

5. 聘用對印度市場熟悉的企業領袖、以及退休駐外人員為民間經貿大使，協助企業開拓印度市場。

例如與印度總理莫迪頗有交情，任內對中印關係頗有建樹的前駐印度大使翁文祺先生等。

6. 深化與擴大台印文教交流。

清華大學目前擁有全台灣最多的印度學生，並有 18 所印度姊妹校；吳鳳科技大學首創全國印度產學專班。政府宜擴大獎勵辦理此類經營模式，並開放商研院、中經院、台經院、工研院、資策會等研究型智庫招收印度市場經營碩士在職專班，有系統的培育經營人才。

*（本文原刊登於 2016 年 11 月 29 日《工商時報》）*

# 28

書楚語、作楚聲，在地
深耕才能翻轉新南向

2008 年韓國三星企業開始投資越南，僅僅 5 年間，便將手機產業發展為越南最大的出口項目，改變了越南的出口結構。至 2016 年，三星一家公司就占了越南出口總值兩成以上，十足掌控了越南的經濟脈動，而布局最早，曾是越南最主要外資來源的台商，在越南的影響力已不如韓商。

究其原因，台商大多是中小企業，喜好單打獨鬥，逐水草而居。韓國廠商則善打團體戰，具謀略及企圖心，以「在地深耕」的經營模式，深化在越南的經濟地位與影響力。

他山之石，可以攻錯，中華談判管理學會攜手越南台灣企業家聯誼會於日前舉辦一場「新世代台商逐鹿全球：新南向大戰略」研討會，融會研究與經驗，戮力提供台商前進新東協、深耕新南向的指南。

1. 說當地話，融入當地社會

　　貿協副秘書長王熙蒙說，「深耕在地」市場之首要任務是「學會當地語言」，才能了解當地文化，進而打進當地市場。目前大部分台幹，並不會說當地話，因為台幹大多習慣生活在廠區宿舍，少與當地人互動溝通。韓國企業

*一個管理學者的社會責任*

則強制要求員工舉家宅住市區，小孩送進當地學校學習語言，融入當地社會生活。久而久之，這些員工就成為開拓東協市場的在地戰將。

2. 接地氣與蹲點研究

其次，王熙蒙強調，接地氣是深耕在地市場的關鍵密碼，親身體驗才能適地化創新。的確，筆者也曾在不同場合，多次主張政府智庫及相關研究單位應蹲點研究，在新南向國家設立研究基地，結合貿協與駐外代表處等單位，協助台商深耕當地市場。初期研究基地可以越南、印尼，印度等三個地區為優先考量。

此外，科技部及教育部應在現有體制下，鼓勵學者前往新南向國家長期駐點研究，並積極促成各大專院校聯合成立新南向研究中心，策略連結當地大學及研究機構，型塑該研究中心成為世界級的研究重鎮，有系統的培育人才。

新南向「定點」築巢現正火紅，台商布局雖早，但深耕不足，經濟影響力逐漸式微，唯有繼起直追，徹底執行全方位的深耕在地市場戰略，方能再現榮輝。

3. 打群架團體作戰

　　團結力量大，台灣缺乏以國家為主體的經貿戰略產業，又沒有旗艦廠商帶頭打群架開疆闢土，自然難以伸展經濟影響力。誠如越南製造及加工出口控股公司董事長劉武雄呼籲，台灣應積極與當地政府洽談設立台商投資與商貿專區，鼓勵台商整廠（案）輸出及服務。

　　王熙蒙分享一個由貿協輔導的美粧品牌聯盟個案。該聯盟由 12 家臺灣知名美粧品牌廠商籌組而成，以群體行銷方式進軍東協市場，最後媒合了 11 家代理商，成功的在 6 家大商場上架，成果相當豐碩。

4. 強化台商會功能

　　過去台商會的工作是以聯誼台商為主，未來應強化台商會在經貿鏈結與區域資源整合的功能。中經院顧瑩華主任即表示，中經院已與世界台商聯合總會合作，預計今年完成越南版、泰國版的海外台商白皮書。此為台灣官方首度發聲的正式外資建言，希望藉由台商白皮書的出版，台商組織能夠有一正式管道，向當地政府建言，有效排除台商投資與經營的障礙，互惠共享，共建互利雙贏的全方位夥伴關係。

一個管理學者的社會責任

5. 數位轉型產業串鏈

鄧白氏孫偉真總經理建議，台商可藉由鄧白氏新南向國家的 1,200 多萬筆商業資料，挖掘市場商機，進行各地區風險比較，以媒合當地合作夥伴，進而深耕當地市場。另外，透過「鄧白氏企業認證」標章，將企業自身資訊連結至鄧白氏全球商業資料庫，可成為標的供應商，大幅增加獲得國際大廠與其供應鏈廠商下單採購的機會。

利用數位標章串聯產業供應鏈，可以有效協助買家快速取得供應商的產銷與信用資訊，大幅縮短尋找產品供應的時間。孫偉真說，當年泰國發生水災，汽車大廠急需汽車零組件的供應，就是透過數位標章的串聯，快速找到替代的汽車零組件供應商。

總之，VIP 戰略是為現階段台商逐鹿全球的勝利方程式，台商經營要有願景（Vision），模式要創新（Innovation），行動方案要接地氣大眾化（Popularity），才能翻轉新南向市場。

*（本文原刊登於 2017 年 4 月 26 日《工商時報》）*

**28** 書楚語、作楚聲，在地深耕才能翻轉新南向

# 29

新興市場是台商建立及發展品牌
的實踐基地

長久以來，台商大部分從事國際品牌大廠代工，鮮少致力於自有品牌的發展。最近幾年幸見情況已有轉變，越來越多的台商，以自有品牌在新興市場開疆闢地，創響名號。例如，產銷嬰兒紙尿褲的泰昇公司以「UniDry」及「SunMate」等自有品牌深耕東協國家，奠基越南，制霸柬埔寨。嬰兒與成人紙尿褲的市占率目前已躍居為越南第三大品牌、柬埔寨第一大品牌，並於 2017 年 1 月風光回台掛牌上市。

成功開拓海外市場，除了要有品牌加值外，掌握通路最為關鍵，然而新興市場渠道建置不易，交易風險頗高。泰昇在越南設廠之初，當地並沒有超市及量販店，全都是柑仔店，僅胡志明市就有成千上萬家。戴朝榮董事長為了拚通路，一家一家拜訪，與各雜貨店老闆搏感情，建立關係，以愚公移山的精神一步一步開拓通路，終於成就為越南第一家生產紙尿褲的品牌廠商。

徹底執行在地化戰略，是泰昇成功的另一關鍵密碼。戴朝榮董事長常自豪說：「我們是道地的本土企業，當地員工占比 99%，中高階幹部幾乎由越南籍員工擔任。」確實，泰昇

*一個管理學者的社會責任*

800 多名員工中，包括台籍幹部只有 7 名越南籍以外人士。聘用當地優秀人才，以當地人才開拓當地市場，就是在地深耕最快速並有效的方法。

值得另外一提，泰昇將員工視為公司重要的資產，用心培育，除了高薪聘用當地優秀人才，還不惜耗鉅資鼓勵員工進修，以強化員工的研發及品牌行銷知識。2014 年爆發 513 排華事件，當時泰昇越南籍員工自發組成自衛隊，捍衛工廠安全，公司因此得以在暴動中避禍保全，一時間傳為美談。這個事件實證了管子所謂「予之為取」的道理，只要管理者善待所屬，屬員也勢必會滴水之恩湧泉相報。

大通電子早在 1980 年代，就以 PX（Picture Excellence）品牌進入印尼，後來因中國低價產品競爭一度退出，2013 年才再度進軍印尼市場。這次的市場進入模式和前次不同，不找代理商而直接成立分公司，自己建立通路關係。

在地深耕，了解當地文化及消費者行為，才能有效拓展當地市場。大通印尼分公司總經理劉謙興一開始就是帶著五

位當地業務員，憑一輛休旅車，在三星期間跑遍爪哇島十個大城市，就地貼近觀察當地消費者的生活型態及購買行為，順利打通了當地渠道。

大通電子以數位天線作為主要產品，僅僅五年已取得了連鎖店市場 70% 以上的市占率。如此傲人的成績，當地員工功不可沒，劉謙興總經理持續不斷的關注消費者行為動態，也不容忽視。他投入許多精力時間與客戶閒聊，收集相關市場資訊，並主動邀請印尼消費者成為臉書好友，藉以觀察當地民眾的生活型態和日常關心的議題，統整為大通電子品牌行銷活動的重要參考依據。

此外，開拓新興市場不能依賴傳統行銷理論，必須有創新的思維模式與行銷戰略，才能破繭展翅，在異域爭占鰲頭。康陽輔具以創新的行銷聯盟模式開拓印度市場就是一個經典範例。當初康陽輔具進入印度市場，因為不熟悉當地市場環境，曾遭遇物流送貨與收款困境，於是思索尋求策略合作夥伴，與當地物流公司合作，進而以整合行銷技術入股的方式與當地時代集團媒體聯盟，訂定有效的品牌

*一個管理學者的社會責任*

策略，精準行銷，最終攻掠當地中高階輪椅市場四、五成的市占率。

由以上三家品牌行銷案例可以歸納出「在地深耕」、「洞察消費者需求」、「適地化經營」、「掌握流通渠道」、以及「創新行銷聯盟服務模式」等五項關鍵作為，是台商搶攻新興市場，建立及發展品牌的勝利方程式，而亞洲新興市場最具可能，成為台商建立及發展品牌的實踐基地。

根據亞洲發展銀行報告指出，亞洲新興市場的消費金額預估在 2030 年將達到全球總消費的 43%，而亞洲中產階級數量在 2030 年可增加至全球總數的三分之二，未來亞洲新興市場將成為全球市場的消費主力。

這些新興國家正從脫貧到小康，在居家生活、醫療保健、健康美麗等領域存在著無限商機。台商在此三大商機領域恰恰擁有豐富的研發與產品製造技術，相較於當地廠商，台商更有豐富的品牌意識與行銷經驗；相較歐美廠商，台商則又有地利之便。在目前政府力推新南向政策，行政院

大量投入資源之際，台商或可藉力使力，將新南向市場視為現階段台商建立及發展品牌的最佳實踐基地。

只是，台灣大部分是中小企業，資源與專業知識相對不足，想要建立及發展品牌往往無法或立即掌握著手關鍵與程序。倘若政府可設立一品牌行銷單一服務窗口，能夠整合品牌價值鏈上中下游業者，提供企業一次到位的品牌發展相關資源，那麼台商在海外市場拚通路打品牌，就可以獲得較有效奧援，少卻冤枉路，更順當迅速的拓展鴻圖。

（本文原刊登於 2018 年 9 月 10 日《工商時報》）

一個管理學者的社會責任

# PART 4 企業經營篇

239

# 30

## 國際併購
## 是否為台商轉型重生的良方？

近年來全球併購風潮再現，根據國際併購調查機構 Dealogic 統計，2015 年全球併購總金額為 4.6 兆美元，創下歷史新高；又 2016 年世界投資報告（World Investment Report）的資料顯示，2015 年的全球國際併購總金額為 7,214.55 億美元，也是 2008 年金融海嘯以來的最高。這些年全球國際併購的案件中，買主來自新興市場的比率逐年升高，尤其是大型的國際併購案件。2006 年至 2011 年的 6,500 項國際併購交易項目中，有 22%的收購者來自新興市場；併購金額超過十億英鎊的 194 項交易中，也有41%的收購者來自新興市場。該期間國際併購的典型案例包括聯想收購 IBM 個人電腦、中國吉利汽車收購 Volvo、塔塔汽車收購 Jaguar 等。

面對產業變局，企業經營者常藉由國際併購進行轉型重生及尋求成長突破。例如聯想為了加速全球化、打開全球品牌知名度及國際通路，2005 年以 17.5 億美元收購 IBM 個人電腦；2013 年微軟為了策略轉型與擴大其市場占有率，以 72 億美元收購 Nokia 手機製造、設備和服務業務；2014 年 Google 以 32 億美元併購 Nest，取得 Smart Home 的入場

券；戴爾電腦因為個人電腦需求持續下滑，於 2016 年 9 月以 670 億美元完成併購易安信（EMC），以鎖定資料儲存之關鍵成長領域；2016 年 7 月軟銀為了布局 5G以及物聯網產業，宣布併購安謀（ARM）。

此外，中國大陸為了完成其製造大國的戰略目標，除了積極培育和引進產業關鍵技術外，也加快其在智慧財產權以及全球品牌上的布局策略。一方面透過與德國、美國等先進國家深度合作，另一方面藉由國際併購，積極打造中國大陸成為「品牌與製造強國」，建立一個完整「自主可控」的紅色供應鏈生態體系。何謂「自主可控」？中華經濟研究院劉孟俊所長解釋，所謂「自主」是指關鍵技術、基礎技術領域的自主研發能力和智慧財產權；「可控」則是指產業供應鏈的安全，也就是在關鍵供應鏈上的地位與發言權，可避免在極端情況下，受到停止授權、禁售、禁運所帶來的衝擊。

前述，中國政府為了加速達成「品牌與製造強國」的戰略目標，近年來積極支持中國企業收購海外資產，儼然已成為

*243*

世界對外投資大國。倘若中國大陸和香港合併計算，2014
年中國的國際併購金額全球排名第一，2015年全球排名第
四，僅落後美國、加拿大及愛爾蘭。根據中新網報導，中
國大陸商務部資料顯示，截至2016年8月，中國企業國際
併購實際交易金額為617億美元，已超越2015年全年總
額。

和其他新興國家一樣，中國大陸國際併購的動機是為了獲
取互補優勢，其中以獲取技術、品牌以及國際行銷通路等
三大因素為主。以下分別就中國大陸最近一年來，幾件國
際併購典範案例進行分析。2016年1月海爾為了改變既有
的「低價位品牌」形象，宣布以54億美元收購美國奇異電氣
（GE）的家電業務，藉由併購品牌擴張其市占率，如今海爾
的家電市場已躍居全球第五大。2016年3月「中國美的」家
電集團以4.73億美元收購東芝家電80.1%股權，獲得東芝
家電超過5千項的專利，以及東芝家電品牌40年的全球使
用許可，藉由該項併購案，「中國美的」獲得東芝家電的產
品技術、海外市場管道，加速了「中國美的」的全球化布局
進程。此外為了布局機器人產業，「中國美的」於2016年8
月正式宣布收購德國庫卡公司94.55%的股權。

過去台商較不擅長利用國際併購的方式取得核心技術，啟動企業轉型，擴大企業規模。加以明基併購西門子手機的失敗經驗，使得台商對國際併購裹足不前。雖然最近鴻海成功迎娶夏普，取得夏普的品牌及技術，但是這項國際併購案是否能夠順利協助鴻海集團轉型升級，走向全球並晉升為世界級企業，值得觀察。

國際併購成功的案例比例並不高，失敗的原因大都是因為高估併購綜效、買貴了、文化衝突、口袋不夠深等因素。明基電通併購西門子也是因為研發團隊文化衝突、產品開發不順、併購後虧損超過預期等因素，最後導致失敗落幕。為了降低風險，已有愈來愈多的收購者採用分段式選擇權併購模式，先收購部份股權，若干年後再視併購成效，評估是否繼續收購剩下的股權。

利用國際併購方式去突破企業的成長瓶頸，逐漸成為當今火紅的顯學。對台商而言，「國際併購」是不是現階段突破瓶頸與轉型升級的最佳選擇，值得進一步深入研究。國際併購模式與機制應該如何設計？如何選擇策略合作夥伴？國際併購的成功關鍵決策因素為何？這些都是需要仔細評

估的議題。我們應該正視台商如何轉型重生以及突破企業
成長瓶頸的問題，尋找出創新有效的解決方案，為台商拉
出一條全新的運營事業生命週期曲線。

（本文原刊登於 2016 年 10 月 27 日《工商時報》）

一個管理學者的社會責任

# 31

## 海爾運營的關鍵密碼

2017 年 1 月，筆者偕同台灣 20 多位大學教授和企業家前往
海爾，拜會創辦人暨首席執行官張瑞敏先生（以下簡稱張首
席）。在一個多小時的互動交流中，張首席暢快分享了海爾
集團的創辦過程與人單合一的價值管理模式，讓參訪團員
領略到工業 4.0 下海爾的企業轉型升級之路，並見識了張首
席的睿智與管理者大家風範。

參訪過程中，筆者提出三個有關經營管理的問題：首先是
海爾如何面對及管理不確定未來？其二是海爾全球化的併
購策略思維？以及第三，海爾如何處理接班人問題？針對
這三個問題，張首席經典哲理的回答，讓參訪團員不僅受
益良多，同時更驚異張首席的麒麟之才，嘖嘖讚嘆。

### 一、自以為非的管理哲學

「自以為非」的精神是海爾面對變化無常的時代，管理不確
定未來的基本原則。進一步說，不斷否定自我、重塑自
我、挑戰自我，永不滿足，積極探索與滿足用戶的需求，
就是海爾不被時代淘汰的經營準則。海爾採用「人單合一」
的創新管理模式，每位員工都有機會成為首席執行官，共

一個管理學者的社會責任

同執行「我的用戶我創造，我的增值我分享」。員工慾望和用戶要求都是永無止盡的，讓兩方的無窮需求對接，同時解決了員工薪酬制度與用戶滿意度兩大難題。海爾「人單合一」的主張正是 2016 年諾貝爾經濟學獎得主哈特（Oliver Hurt）和霍姆斯特龍（Bengt Holmstrom）於 1980 年代中期提出的「契約理論」之衍化應用。

「沒有成功的企業，只有時代的企業」，是海爾集團的座右銘。為了破除大型企業官僚守舊心態，海爾將企業視為創業平台，將員工視為「創客」（maker），目前內部已擁有 200 多個「創業小微」，其中若干已獨立成為公司，雷神科技就是其中一個非常成功的案例，成立三年，營業額於 2016 年即已突破 12 億人民幣。「創業小微」是海爾的內部創業，呼應海爾主張「企業會滅亡，組織永遠存在」的新生態組織管理模式，為互聯網時代開拓一嶄新的運營模式。

### 二、全球併購的「沙拉」管理模式

「走出去，走進去，走上去」是海爾國際化，成為全球名牌的「三步走」戰略，海外併購是重要手段。2011 年收購三

洋，2012 年併購紐西蘭斐雪派克企業，2016 年更以 54 億美元收購美國奇異電氣（GE）家電業務部門，如今海爾的家電市場已躍居全球第五大。

海爾並不是想藉由海外併購來追求快速成長的企業，全球併購的最主要考量是獲取更多的全球用戶資料。然而海外併購是否能夠成功，併購雙方的文化和經營理念融合是最大關鍵。「沙拉併購管理」是海爾全球併購採用的模式。一份「生菜沙拉」中，通常放有多種不同的生菜，代表各國企業不同的在地文化，而沙拉醬是指海爾的管理制度，將沙拉醬和生菜攪拌融合，就能調味各種生菜，創造出一盤完美可口的生菜沙拉，海爾即由此完美統合，成功併購。

### 三、創業家精神是企業接班成功的鎖鑰

接班問題是一件非常困難的事情，古今中外成功的比例並不高，因為接班人不是現任領導人喜歡就可以，需要通過市場檢驗，才堪以肩擔大任。通常接班人是由內部經理人員或家族成員挑選，縱使有接班人培育計畫，想要尋找和創辦人一般的全方位人才，幾乎是不太可能。因為大部分

接班人是在資源優渥環境下成長，自然無法如創辦人能在資源貧瘠情況，白手創造資源，無中生有打天下。

關於接班人傳承問題，范博宏教授一篇研究報告也有類似結論。該篇研究探討 250 個家族華人企業（臺灣企業占 110 家）的接班問題，比較這些家族企業接班前後的績效表現，分析其交棒前五年及後三年的公司績效差異，結果發現這些家族企業在接班前後有 60%的價值損失，最主要原因就是接班人無法承接創辦人的個人無形資產。

因此，創業家精神是企業接班成功的鎖鑰，設法培養接班人具全面觀以及創業家精神，就是在位領導者重要課題。

海爾以「自以為非」的管理哲學、「人單合一」的價值管理模式、「創業小微」的內部創業組織，以及以「沙拉」概念管理全球併購，為互聯網時代開拓一嶄新的管理模式，加以藉由總裁輪值方式培育具有全方位及創業家精神的接班人，此一創新運營模式《Haier Way》的大放異彩，值得拭目以待。

（本文原刊登於 2017 年 4 月 18 日《工商時報》）

# 32

他山之石：
中國傑出企業家的經營決勝之道

中國自改革開放以來，經濟發展快速，短短三十幾年，已然是全球第一製造業和貿易大國。假如以購買力平價（PPP）計算，2014 年中國經濟規模已超過美國，成為世界第一大經濟體。其崛起速度之快、影響範圍之廣，是史無前例的，不僅正在自我改變，也正在改變世界。

在這經濟快速轉型與增長過程中，中國企業家創造了一個又一個的經濟與管理奇蹟。不同於西方企業，他們沒有完全遵循經典管理學理論來發展自己的企業，經營績效卻令世界矚目，成功之道，值得深入探究。

最近前程文化出版社修訂出版的《改變世界》一書，記錄了這些卓越企業的發展與成長歷程，其中訪談了海爾首席執行官張瑞敏、小米董事長雷軍、娃哈哈集團董事長宗慶後、寧波方太集團董事長茅忠群、寧波方太集團名譽董事長茅理翔、北京新希望集團董事長劉永好、春秋集團董事長王正華、以及聯想控股董事長柳傳志等八位中國傑出的企業家，讓我們見識了中國傑出企業家的管理思想精粹與經典營運模式。

一個管理學者的社會責任

他山之石，可以攻玉，茲將這些傑出企業家的經營決勝之
道彙整如下，提供台商到中國或其他新興市場跨國經營的
參考。

## 1.「自以為非」、「人單合一」的管理模式

海爾以「自以為非」的精神面對不確定性的未來，採用「人
單合一」的創新管理模式，破除大型企業官僚守舊心態，
將企業視為創業平台，將員工視為「創客」(maker)，成立
多個「創業小微」，每位員工都有機會成為首席執行官，
共同執行「我的用戶我創造，我的增值我分享」。並且，
結合以「沙拉」概念模式管理全球併購，共同架構成海爾
營運成功的關鍵密碼。

## 2.唯快不破的經營法則

小米用心經營品牌社群，將用戶當成朋友，接受粉絲的
建議，快速推出超過用戶預期的好產品。小米站在風口
上順勢而為，借力使力，以唯快不破的經營法則，成功
建立其市場地位。

*32  他山之石：中國傑出企業家的經營決勝之道*

### 3.問題解決導向與實用思維模式

「生產真正有使用價值的產品」、「做大眾化的品牌」是娃哈哈的基本經營理念。其實用主義貫穿經營管理各個環節,以問題解決導向思維,凡事講求樸實與使用成效。此外,娃哈哈高階經理人到處考察蒐集情報,對市場敏銳度高,行事踏實,決策速度快,又肯與員工分享成果(分紅制度與全員持股),因此當市場機會來臨,自然水到渠成。隨著中國經濟的成長與市場商機的演化,娃哈哈遂逐漸發展成今日的偌大集團王國。

### 4.儒道經營管理模式

方太集團主業為廚房家電產品,創業伊始就以專業化、高端化、精品化為發展方向,自許要打造一個中國人的高端品牌。歷經 20 年的努力,致力研發獨一無二的產品、提供獨一無二的服務,並且以儒家思想「仁者愛人」的核心價值觀,發展獨一無二的方太儒道企業文化,成為該產業界的龍頭。

## 5.產業串金融的平台策略

「時勢造英雄、英雄造時勢」，北京新希望集團便是應時而生的典型。新希望集團乘著中國改革開放的列車，逐步成長與發展，並藉由全球併購成為全球化的企業。經營模式則是由傳統產業的改革創新、併購、「互聯網＋」、全球產業串金融、「大眾創業，萬眾創新」，進展至生態體系平台。

## 6.消費者洞察與適地化服務創新模式

消費者洞察和服務創新是春秋集團經營成功的兩把鑰匙。雖然借鏡西南航空，但並不全盤複製，而是匯進了本土化創新元素。春秋集團最早制定「導遊管理制度」，落實導遊管理，以「每團必訪」、「每週必報」、「每月兌現」，到「每人建檔」等機制的扎實品質稽核，隨時掌握營運資訊。差異化定位、創新服務、獨特的企業文化，以及高度數位化管理，成就了「春秋」大業，遂使集團蔚為中國旅遊業界的標竿民營企業。

257

### 7.藉「複盤」提升核心能力

「複盤」是聯想控股成長和 CEO 及團隊提升能力的重要工具，也是聯想集團成功的關鍵鎖鑰。不斷沿著總目標進行總結，重新審視，進行「複盤」，以將邊界條件理清。如此藉由總結來學習，在一次次總結之後，聯想集團的核心能耐也一步步強大。

*（本文原刊登於 2017 年 7 月 14 日《工商時報》）*

# 33

家業傳承與企業轉型經營

家族企業接班順利的比率向來不高，根據美國家族企業研究機構調查，家族企業第二代順利接班的僅有 30%，到第三代剩下 12%，傳承到第四代只存 3%；而根據美林證券一項研究統計，東亞地區家族企業第二代順利接班的則僅僅有 15%，遑論第三、第四代。探究其原因，「兩代間的承諾與誠意」應是家族傳承順利的關鍵因素。

有次台積電董事長張忠謀出席「上市公司企業倫理領袖論壇」，被問到台積電的接班問題時，曾幽默的說：「即使找一個最好、最有經驗的人，也沒有像我好！」接班問題的確讓企業傷透腦筋，上市櫃的大公司尚且如此，何況是中小型的家族企業，胼手胝足創業成功的父執輩總不能完全信任下一代的能力。

創辦人固然經驗豐富，但接班人一般擁有較高學歷，受過西方管理知識薰陶，普遍較創辦人敢於接受創新及創業的挑戰。如全球醬料王國「李錦記」就是上一代能體認「沒有守業，只有不斷創業」，願意放手下一代開創嶄新的中草藥健康產品產業，至今規模更大過於肇基的醬油產業，成功轉型。

*一個管理學者的社會責任*

如此，傳承的兩代間除了需要有承諾外，更需要誠意，也就是上一代要有誠意放手，放手即不再插手干預，下一代要有誠意接手，接手要有心發揚光大。

在資誠聯合會計師事務所 2016 年發布的家族企業研究報告中顯示，台灣家族企業有高達 58% 預計將經營權和所有權都交給下一代，顯見「子承家業」的觀念仍占多數，然而其中明列接班計畫的只有 9%，其餘多數則處於不明確的傳承現狀，未來接班過程恐怕多少要經歷波折。因此，瀛睿法律事務所簡榮宗律師在中華談判管理學會和家業長青學會、勤業眾信聯合會計師事務所等單位，共同舉辦的一場「家業傳承與企業轉型經營」研討會中，即建議台灣家族企業應盡速建立適當的家族治理機制。

家族企業治理並沒有固定模式，所涵蓋的範圍及議題非常廣泛，包括家族憲章、家族信託、家族辦公室及相關的接班配套措施等等。各家族企業的狀況不同，須得依照各自的特性，擬訂出最合宜的機制。

企業創辦人不僅要治理公司，還要有計畫培養企業接班人。企業接班人選並非現任領導人喜歡就可以，須要有戰功，才能服眾，須要通過市場檢驗，才足以肩挑大任。

家族企業接班人即所謂的富二代，通常在資源優渥環境下成長，無法與創辦人一般在貧瘠中創造資源，無中生有打天下，因此較缺乏創辦人的全面觀以及創業家精神。香港中文大學范博宏教授曾針對 250 家華人企業比較其接班前五年和後三年的公司績效，發現這些家族企業在接班前後約有 60%的價值損失，進一步探討原因，主要是接班人無法承接創辦人的個人無形資產所導致。由此可知，家業傳承計畫不僅要挑對接班人選，更要傳承公司的核心價值與培養未來領導人的格局。

另外，有股權才有君權。家族要留住股權，確保集中度，才能鞏固接班，永續經營。過去傾向以投資公司、財團法人、慈善基金來控股，近年來逐漸以信託、閉鎖型公司方式來持有家族企業股權，並透過契約設計，避免直接將股權分給後代，以防止經營權爭奪與股權被賣掉。

一個管理學者的社會責任

股權分配與管理機制，通常是依家族治理程度的高低而設計。家族治理度低的家族適合直接持股，而家族治理度高的家族適合以信託或慈善基金會的方式管理。王永慶家族就是透過慈善基金會隔離家族與股權，同時將家族及外部經理人納入制度化經營軌道。

誠如逢甲大學佘日新教授所說：「軸心正了，陀螺就不會倒。」早日建立完善的家業傳承機制，明列接班計畫，正是家族治理、企業永續的王道。

*（本文原刊登於 2017 年 10 月 20 日《工商時報》）*

# 34

## 新價值網路下的台灣企業
成長戰略

近年來，為因應全球智慧製造的發展趨勢，各主要工業大國都積極推動製造業的產業升級。德國的「工業 4.0 策略」、美國的「先進製造夥伴計畫（AMP）」、日本的「日本產業重振計畫」、中國的「中國製造 2025 戰略規劃」，無一不被視為帶動該國經濟發展與產業核心競爭力的基礎。

在新工業時代，以價值鏈模型探究產業組織結構與企業價值活動是不夠完整的，必需導入價值網觀點才能提供全面性視角。通常價值鏈模型僅關注企業生產資訊的流通，以及各生產環節效率的提升，將顧客視為營銷對象，並分析各價值活動個別的貢獻，而價值網觀點則擴展了傳統價值鏈模型的線性思維模式，將顧客網羅為企業經營的參與者，共同創造價值，並努力改善與供應商的合作關係，透過知識共享，為網路成員創造最大的集體價值，因此價值網不僅重視個別價值活動的貢獻，更關注整體價值的創造。

2015 年 IBM 商業研究院提出新價值網路分析模型，透過大數據、雲計算、物聯網、移動互聯網等新一代的資訊技術

平台，獲取精準的消費者或用戶洞察資訊，供予企業做為核心驅動力，改造整體研發、生產、銷售等價值活動，展現參與者、產品和生產的協同互聯共創價值，同時，協助參與者、產品和生產提升其智慧分析和自我優化能力，以達到「智慧參與者」、「智慧產品」、「智慧生產」的角色轉變，形塑製造和服務為一體的全球化價值網絡。

企業的成長之路各相逕庭，往往複雜且難以窺見堂奧，IBM 價值網路分析模型，正可以檢視各企業的成長路徑及其所屬進程位階，描繪一套完善的演化進程藍圖，提供企業界參考與標竿學習。

該分析模型主要分為三個進程階段：

第一階段，「打好基礎、掌握數據」。首先透過智能產品和端到端的全通路營銷，獲取精準的消費者洞察和產品資訊，縱向連結企業營運體系，橫向整合研發、供應鏈、生產製造和物流等企業價值活動。

34　新價值網路下的台灣企業成長戰略

第二階段，「數據整合、構建體系」。結合企業內外數據資源，以消費者為中心，應用個性化、柔性化、大規模客製化等智能製造原則，重新建構自己的研發、供應鏈、生產製造和物流體系。

第三階段，「跨界領域、全球網路」。整合全球資源，透過商業模式和大數據，大量複製企業成功經驗到不同市場，並串連更多產業夥伴，打造一個製造和服務為一體並強而有力的全球企業價值網路，進而提升該價值網之生態體系競爭力。

且以該分析模型實例檢視海爾、西門子、三菱電機以及台灣某 PCB 世界大廠，研究結果顯示海爾、西門子、三菱電機等世界大廠，在新價值網路中都已成長至第三階段的「跨界領域、全球網路」，而台灣某 PCB 世界大廠，仍停留在第一階段的「打好基礎、掌握數據」的新價值網路位階。

台灣製造業正處於變革與轉型的十字路口，各企業應掌握市場變動趨勢，加速建立整體企業的數位決策，積極建立

智慧參與者網路平台，以客戶為中心，為客戶創造價值。並且，儘速建構以智能製造為基礎的供應鏈體系，布建生態價值網路，遂能提升量能躋身全球前端企業行列。

*（本文與臺灣 IBM 全球企業諮詢服務事業群副總經理陳世祥合著，原刊登於 2018 年 7 月 19 日《工商時報》）*

# 35

## 傑出華人企業家的管理思維與經營之道

中國自改革開放以來，經濟發展快速，短短四十年，已然是全球最大製造和貿易大國。根據美國《Fortune》雜誌所列世界 500 大企業排行榜，中國上榜的公司數量連續 15 年增長，至 2018 年達 120 家，遠遠超過排名第三位的日本（52 家），並直逼排名第一位的美國（126 家）。中國的企業家究竟如何能潮鳴電擎般氣勢磅礡，飛速成長？本文透過兩岸三地企業家更寬廣的視野，分享他們寬廣的管理思維，薈萃了更精華的管理藝術，是為華人企業家們的致勝之道。

## 1. 瑞安集團的「飾舊如新」新天地模式

上海新天地打響了瑞安集團的名號，「天地系列」已成為羅康瑞總裁的地產名片。新天地建案是屬於上海中心城區老建築再生的成功案例，羅康瑞不僅嘗試「修舊如舊」，最大限度保留其中的文化內涵，實現城市文脈的延伸，而且飾舊如新，傳承了上海幾百年的歷史文化遺跡，也承載著當代的文明進程，將老建築區打造成為精品新天地。如今的新天地已經遠遠超出當初房地產開發的意義，成為產業跨界融合與協同發展的業界傳奇，更是文化傳承與創新的經典之作。

## 2. 軟硬體和服務並重的「新新宏碁」模式

宏碁集團創始人施振榮先生曾「兩度出山、三造宏碁」，
於 2013 年啟動了第三次「新新宏碁」組織變革，將宏碁原
先以硬體為主的發展模式改變成軟、硬體和服務並重的
模式，從此企業分割為新核心思維群和新事業群兩個體
系。新核心思維群以原主要產品筆記型電腦為基礎，導
入新科技研發新產品，例如，生產超薄型的電競筆電，
以及智慧零售數位看板。新事業群則以人工智慧為主，
投資應用在醫療、交通、自駕車、理財等新事業。經過
多年努力，宏碁旗下新產品及新事業已開始展露成效，
尤其是在全球電競筆電市場上大有斬獲，2018 年宏碁在
美國電競筆電市場占有率獲得第一。

## 3. 中國工商銀行的金融創新與國際併購模式

姜建清掌舵 16 年，將中國工商銀行打造成「宇宙第一大
行」。除了清理完成 2,300 多億元的不良貸款外，姜建清
傾力進行體制改革及金融創新，構建完整體系的電子銀
行和網路銀行，並透過國際併購策略，從亞洲跨足，版
圖逐漸擴展到非洲、美洲和歐洲，最終成為全球最大的
銀行。

### 4. 高瓴資本的長期投資共創價值模式

高瓴資本以長期價值投資策略，著眼創新及未來產業，並有效協助企業進行策略轉型與升級，和企業共創價值與成長。中國最大的運動鞋零售商百麗，就是在高瓴資本協助下，建立快速反應的供應鏈。高瓴資本不斷自我顛覆，不斷創新，不斷結合廠商共創價值，僅僅十餘年的發展，已經是亞洲地區資產管理規模最大的投資基金，年平均回報率高達 39%。

### 5. 中石化的國企改制及國際連結模式

王基銘貢獻中國煉油化工業達半個多世紀，見證了中國石化工業從弱小一步步蛻變為世界一流產業。他成功讓上海石化成為中國第一批國企股份制改制的試辦單位，同時在上海、紐約、香港三個地區上市。他也主導中石化的整體上市作業，並成功說服埃克森美孚、BP 和殼牌等三家世界前三位排名的石油化工集團投資，從而將中石化帶上世界舞臺。

### 6. 華大基因的科研導向服務創新模式

華大基因目前是全球測序市場最大的企業，1999 年汪建

及其夥伴參加全球人類基因組專案，及時搭上基因技術革命的列車，成為中國在基因科技領域的開拓者。華大基因以科研引領其服務及產品開發，對基因測序技術和應用潛力深信不疑。測序本身並不是華大基因的主要市場，測序所產生的人體大數據如何運用才是大目標。華大基因深刻體認這一層遠景，透過併購 Complete Genomics，完成了測序行業上下游一體化工程，拓展企業也照護更多人群。

### 7. 比亞迪的「由硬到軟」協同研發平台模式

王傳福以製造電池起家創立比亞迪，短短二十餘年將其發展成為橫跨汽車、新能源、IT 等多元領域的產業集團。王傳福勇於改變與創新，促使比亞迪成為該產業規則的破壞者，也是新秩序的奠基者。比亞迪打破以往以軟體為核心的平台策略思維，開創「由硬到軟」的智慧汽車協同研發平台，使比亞迪能憑藉其汽車製造的「硬」核心技術，穩穩占據整個新能源汽車開發生態系統的領導權和價值專屬分配權。

*（本文原刊登於 2019 年 5 月 28 日《工商時報》）*

275

# 36

美中貿易戰下的台商
全球布局戰略

美中貿易爭端越演越烈，短時間恐不易落幕。美國除了持續提高中國進口商品關稅外，也將多家中國高科技及軍工企業列入「出口管制實體清單」，藉以抑制中國的科技產業發展，放緩中國威脅美國世界經濟霸權地位的腳步。如今美中貿易爭端已然不單純只是貿易大戰而已，更進一步擴大升級為科技戰，乃至發展為兩國的世界爭霸戰。

倘若美國持續對中國科技設備及關鍵零件執行出口管制，迫使中國調整其高科技產品的製造戰略，那麼全球製造供應鏈勢必重新洗牌。美中各自發展及訂定自己的產業規格標準，全球供應鏈體系將逐步發展成為 one world、two systems，也就是 G2（美中兩極）供應鏈體系未來世界的來臨。

中國強勢發展至今已不是吳下阿蒙，在 ICT、智能、大數據、5G等高科技產業領域都取得重要的領導地位，不僅躍登世界第二大經濟體，也是世界最大生產基地，在全球的地位與影響力不容小覷，尤其「一帶一路」以及「中國製造2025」的規劃，已實質威脅到美國的世界領導地位。

中國挾著經濟的飛速成長，加上同文同種的優勢，多年來吸引大量台商前往投資，並成為台商最主要的貿易與投資地區。

為了因應美中貿易戰，以及 G2 供應鏈體系未來的發展，台商不宜再將雞蛋全部放在中國一個籃子上，應積極開拓中國以外的其他新興市場，分散貿易與投資風險，以包括中國、新南向新興國家、以及歐美日等先進國家的多元發展方式，建立健康平衡的經貿三隻腳，才是台灣經貿行之久遠的根本大道。

首先，台商應該藉由這個契機加速經濟結構轉型，調整出口導向的運營模式，積極建立自有品牌，升級整合全球資源以創造和分配價值的能力，將投資台灣列為第一優先，強化台灣核心競爭力，打造健康的全球化經貿新世代。

中國市場仍是台商的一個主戰場，不能放棄。台商應該將大陸投資視為全球化經營的一環，需要繼續深耕，建立灘

頭堡，但必須有風險意識，借力使力提升己身企業的競爭力。此外，台商不能逃避紅色供應鏈，不僅要正面面對，還需要融入，利用可能的優勢創造紅色供應鏈的整體價值，佔據關鍵位置，強化台商在全球價值鏈的地位。

考量與第三國合作或合資共同投資大陸，是降低政治風險的一個方法。在與歐、美、日等國連結合作，擴大全球化的深度與廣度同時，可借鏡先進國家的研發製造能力，推出台商自有品牌的逆製造模式，創新經營，並可在美國再工業化政策下，趁勢重新佈局北美市場。

美國再工業化政策，促使蘋果、福特汽車、通用電氣等外移的美國製造業回流，也吸引三星電子、豐田汽車、鴻海等外國企業逐步擴大在美國設廠。美國與加拿大、墨西哥等國簽訂新的北美自由貿易協定（USMCA），則又增加了外商對北美自由貿易地區新的投資誘因。在美中貿易大戰，以及面對未來 G2 供應鏈體系的可能來臨之際，台商應可以認真思考如何加強對美國的投資佈局與經營戰略。

一個管理學者的社會責任

至於新南向新興國家的經營，因為政府缺乏頂層設計的大戰略與創新運營模式，新南向政策執行三年多以來，效果並不突出。

東協與南亞各國的經濟發展狀況與宗教文化差異頗大，不同的市場特性、不同的投資動機，宜應採取不同的國際市場進入模式與經營戰略。

其一，以越南、緬甸，柬埔寨地區為主要生產基地，建立一「非紅色供應鏈」體系，以因應美中貿易大戰，並為 G2 供應鏈體系做準備。初期生產居家生活、醫療保健、以及健康美麗等商機的產品，除外銷其他國家外也可以提供東協當地市場需用。中後期則在建立完善的高科技產業供應鏈和培養技術人才後，規劃生產 ICT 等高科技產品。

其二，以印尼為清真基地，行銷全世界穆斯林市場。印尼有 2 億 6 千萬人口，大部分信奉回教，台商可考慮以印尼為清真基地，將清真產品行銷於占有全世界四分之一人口

的穆斯林市場。台商進入印尼市場可以採取國際化進程模式，先以出口貿易方式搶攻印尼內銷市場，然後再採用合資或獨資等方式進駐境內，並以雅加達及其衛星城市為起點，漸次延伸到其他二級城市。

其三，以出口貿易模式搶攻印度內銷市場。印度有 29 個邦，13 億人口，雖然每個邦的語言與宗教文化不盡相同，產業基礎措施也不健全，市場潛力卻是非常龐大。建議可先以出口貿易模式搶攻印度內銷市場，然後配合莫迪政府推行的「印度製造」政策，採用合資、獨資等國際化進程模式進入，並以單點深耕的方式紮根印度市場。

（本文原刊登於 2019 年 7 月 4 日《工商時報》）

一個管理學者的社會責任

# 37

台商國際經營的新思維與戰略

美中貿易戰開打一年多以來，已嚴重影響全球的出口貿易與經濟成長，廠商為減少衝擊，紛紛以轉單生產因應之外，因美國製造業回流政策，以及美中角力涉及高科技產業競爭、國家安全等問題，跨國企業不得不思考轉移生產基地，調整其全球經營布局，以分散風險。如此趨勢顯然嚴重影響了中國製造業的發展，以及中國世界工廠的地位。

中國台商對此變局的因應之道，根據非官方統計，美中貿易摩擦後，台商約有一成多不得不選擇關廠，一成多將工廠外租給當地廠商，成為二房東；另有二成移轉至東協國家設廠，繼續留在中國大陸進行轉型升級（技術升級及轉內銷）的則占四成多。至於回台投資的台商，大都是以擴增產能，調高台灣製造比重的企業為主，基本上是屬於兩頭在外（接單及付款皆在中國境外）的企業，其海外資金可在國際市場上自由移動。

為降低美中貿易戰對台商的衝擊，政府啟動了多項因應策略，除了提升產業競爭力、加速全球多元布局等措施，經

*一個管理學者的社會責任*

濟部推出台商回台投資專案，協助優質台商回台投資。截至今年 10 月初已有 146 家廠商響應，總投資金額超過 6,000 億元，其中以電腦電子及光學業的生產線回台及轉單效應最為明顯。工研院並成立「台商回台投資創新研發平台」，協助回台業者生產智慧化與轉型升級。經濟部投資業務處及工業局也提供相關論壇平台，協助台商將生產基地移轉至新南向國家。

早期前往中國大陸設廠的台商，大都是屬於為降低成本，築巢而居的「防禦型」對外投資。企業拓展不進則退，不能躍升便會被後浪洪流淹沒。初始台商大陸子公司通常只負責執行在台母公司交付的任務，有遠見的經營者，必須隨著時間致力深耕，逐步提升子公司的生產、研發與行銷技術，擴大其功能與任務，才能強化核心競爭力，有效開拓中國內銷市場，乃至建構子公司成為全球生產及研發中心，放眼世界。

在對中國大陸台商的長時間研究與調查裡發現，台商在中國大陸投資設廠九年後，其中有 23.9% 的子公司仍會停留

在開始時的能力與任務階段（純粹任務執行者），30.4%可提升其核心能力（能力貢獻者），15.2%可擴展其原先的任務（任務延伸者），而同時升級了能力和任務（全球創新者）的占30.4%。進一步分析這四類台商子公司的績效，可見全球創新者的績效表現最好，其次是任務延伸者及能力貢獻者，純粹任務執行者的績效表現最差。就邊際貢獻而言，任務延伸者更優於能力貢獻者。

台商全球化的歷程可劃分成貿易、技術引進、對外投資、全球資源整合等四個階段。在貿易階段，台商只要按照「比較利益」原理，控制生產成本，即可生存獲益。在技術引進階段，台商必須引進先進的技術，加以吸收學習，提升自身能力，才能鞏固在國際分工的地位。到了對外投資的階段，台商必須擁有自身獨特的能力，並且可將其獨特能力移轉到海外運用。第四個階段，除了發揮自身的優勢外，台商也要能利用別人的優勢，整合全球資源，創造並分配價值。

台商在這歷程中，從貿易、技術引進到對外投資都進展相當順暢，但是在「全球資源整合」階段卻屢屢遭遇重大瓶頸。換言之，台商雖然已擁有自身獨特的能力，卻還沒有足夠的建立整合全球資源以創造和分配價值的能力。這個瓶頸的關鍵就在於台商無法建構屬於自己的全球性品牌，以及缺乏突破性的創新能力，難以掌握產業的核心技術。

因此，台商想要順利邁進「全球資源整合」的全球化 4.0 階段，勢必要改變海外投資的全球布局思維，調整築巢而居的被動式「防禦型對外投資」方式，取代以主動式的「擴張型對外投資」全球布局戰略。例如，泰國台商應善用泰國政府目前正在推動「泰國 4.0」、「東部經濟走廊發展計畫」等重大政策的機會，主動積極參與並鏈結台灣「5+2」產業創新計畫的能量，進行智慧化轉型，積極發展泰國智慧機械、生物科技、綠能等新興產業，並藉此推升泰國成為創新與知識的數位中心。

如此，不僅可以擴大並深化台、泰雙方業者的合作空間，更可以整合泰國的關鍵資源，借力使力，累積台商適地化

與國際化營運經驗，登階再進軍周邊新興國家市場，提高台商國際化層次，強固台商在全球產業價值鏈的地位。

整合全球資源，賺取跨國管理財，是跨國企業最高的經營準則。台商在此美中貿易戰困境中，應加快轉型升級的腳步，培育子公司成為具國際競爭力的全球創新者角色。同時經營者必須改變思維，採取主動式的「擴張型對外投資」布局戰略，鏈結全球資源，躍提產業為有能力整合全球資源，有能力創造並分配價值的跨國企業。

（本文原刊登於 2019 年 10 月 15 日《工商時報》）

*一個管理學者的社會責任*

# 38

## 論華航的更名與經營困境

企業名稱代表企業的品牌形象與識別，非有必要，通常不會輕意變更。觀近年國內外企業常見的七大更名理由，其(1)企業發生弊案後，藉更名扭轉形象，例如基因生技因「胖達人」內線交易案而申請改名為「星寶電子」；(2)因企業營運內容改變而改名，例如「臺灣工銀」更名爲「王道銀行」；(3)借殼上市，例如「龍巖」併購「大漢建設」，借殼上市後，改大漢為龍巖；(4)因產品轉型升級而改名，例如韓國「金星電子」更名為「LG集團」；(5)由於經營團隊易主而改名，例如「Lamigo 桃猿隊」更名為「Rakuten Monkeys 樂天桃猿」；(6)因企業分拆（spin-off）而改名，例如「基亞疫苗」更名為「高端疫苗」；(7)由於政治因素而改名，例如「中油」、「中船」更名爲「台灣中油」、「台船」等。

航空公司的更名是較複雜，牽涉較廣的，其中必須處理航權、時間帶、航約等問題，至於華航的改名則更為困難。表面上華航是公開發行的上市公司，但因為泛公股股權約占四成多，本質上營運由泛公股掌控，身分較為特殊。因此華航改名勢將牽動兩岸關係，以及一個中國原則的國際政治問題，不僅敏感又很複雜。

一個管理學者的社會責任

華航更名的議題早在扁政府時代就曾有爭論，當時有部分國人主張將華航更名為「台灣航空」或「福爾摩沙航空」，最後因航權談判、國際政治現實、華航內部意見不一、國人全體無法得到共識等因素而作罷。如今因口罩防疫外交，華航更名倡議再現，幾日沸沸揚揚。雖然目前民進黨執政，在立法院也擁有多數席次，但礙於國際政治現實，華航更名依然困難重重。其實，誠如民進黨主席卓榮泰所表示，當前保護航權及經濟紓困才是華航當務之急。

新冠肺炎病毒肆虐全球，在全球大封鎖下，全球經濟呈現大幅衰退，衝擊最大的莫過於觀光服務業，尤其是航空產業，台灣自然也難逃厄運。台灣桃園機場的客運量從每天近 14 萬人次的高峰一路下滑，至 4 月 21 日只剩下 498 人，創下桃園機場啟用 41 年來的最低。

受疫情影響，華航今年 2 月份的營收跌破百億元（93.42 億元），是 2009 年 7 月以來的最慘澹紀錄。3 月份營收持續下滑（82.62 億元），較去年同期減少 40%。4 月份受大幅減班的影響，營收恐再創十年來新低。

但航空業因為客運人數銳減，客機航班大量取消，連帶機腹艙位貨運的供給銳減，貨機的乘載頓時爆量，各航線運費因此節節上調，貨運反而在疫情中逆勢成長。華航不僅擁有全貨機機隊，還率先機動以客機機腹輔助載貨，3月份貨運營收達 50.66 億元，占總營收的 61.3%，約是往年貨運營收占比的兩倍（107 年、108 年占比分別為 32.9%、29.7%）。4 月份貨運的營收仍是繼續成長狀態，估計華航每月總營收額可以維持在 70 億以上，與前幾年相比，約減少了 50%，下降幅度和國際航空運輸協會（IATA）日前的預測值一致。IATA 預估 2020 年航空業總收入受疫情影響將較 2019 年下降 55%，2020 全年總營收損失將高達 3,140 億美元。

IATA 提出警示，倘若航空公司無法及時獲得政府資金援助，未來將有不少航空公司會因為經營不善而退出市場，全球航空產業勢必重新洗牌，面臨新的一波整併潮。新冠病毒肆虐，台灣航空產業災情慘重，政府的紓困貸款作業一定要及時到位，才能有效協助業者度過經營難關。

一個管理學者的社會責任

新冠疫情蔓延至今未艾，全球生活都受到不同程度的影響，來日趨緩或結束後，消費者的生活型態與消費行為已然改變。在新冠肺炎疫苗尚未普及化之前，航空產業想要回復到昔日榮景，短時間內恐怕難以達成，除了如華航日前宣布自 5 月 1 日起全員減薪 15%～25%的短期因應之道外，業者必須盡早訂定中長期的應變計畫，超前部署，並思考未來的因應戰略布局。

台灣的航空內需市場與營運規模小，無法與國外大型航空公司直接競爭，華航可以趁此一波整併潮，強化或重組以華航為中心的航空生態體系鏈，並進一步評估成立「航空產業控股公司」的可行性，仿效電子流通產業「大聯大」的控股競合經營模式，合縱聯盟，提升營運效率與經營綜效，強化台灣航空產業的國際競爭力，同時，華航更名難題或許也能一併獲得解困。

（本文原刊登於 2020 年 4 月 30 日《工商時報》）

# 39

後疫情時代的台商戰略

COVID-19 疫情對全球經濟的衝擊猶如戰爭一般，將大多數企業推至生死存亡的臨界，其影響更甚 2008 年金融海嘯，是 1930 年代經濟大恐慌以來最嚴重的災難。專家評估疫情之後的經濟復甦過程將是艱辛而緩慢的，大部分產業可以 U 型狀態復甦，預估也需要 1.5 年至 3 年才能重回往年水準，而有些產業則呈現 L 型復甦，需要更長的時間才能逐步回復，甚至有可能回不去了。

COVID-19 疫情對全球的挑戰可分為二階段，第一階段為健康危機管理，第二階段則是經濟危機管理。日前英國智庫《Deep Knowledge Group》公布的全球最新防疫調查報告，「安全國家」的排名指標，便是在健康安全考量下，各國放寬經濟管制，重啟商業活動的成效。經濟回復是當務之急，人民健康安全是國家的根本，因此在沒有解藥，沒有疫苗，以及疫情尚未達到可控制目標之前，任何國家不宜躁急，解封應審慎評估，否則恐怕引爆第二波疫情，造成更大的災損。

一個管理學者的社會責任

台灣在第一階段的防疫表現突出，健康危機管理成效全球矚目。接下來台灣必須面對第二階段的經濟危機治理挑戰，也就是在疫情不確定之下，尋求企業成長。妥當處理危機就是轉機，台灣企業應該把握並善用此動盪不確定時機，提前部署，彎道超車，取得全球產業優勢地位。

近日主持一場由越南台商企業家聯誼會與台灣行銷科學學會舉辦的研討會，主題「COVID-19 對全球供應鏈的影響」，主講者台大教授陳添枝以為 COVID-19 對全球供應鏈展開了前所未見的壓力測試，而只有少數企業通過考驗。企業會陷入如此巨大困境，肇因現存全球供應鏈體系有諸多明顯而被忽視的缺失，導致產業甚至國家暴露於危險之中，未來勢必要有所矯正。例如：廠商供應源應循分散原則，避免集中於一個企業、一個地方、一個國家；採短鏈化作業，儘量避免長途運輸；以數位化減少物流中人與人的接觸，並將供應鏈上知識的流通數碼化等。

確實，短短幾個月間 COVID-19 改變了全球的供應鏈生態
體系，中國將不再是世界的工廠，各國開始摒棄世界工廠
的分工邏輯，各自形成一個製造體系，「印度製造」、「東南
亞製造」、「墨西哥製造」、「東歐製造」、「土耳其製造」等全
球多核心生產據點應運崛起。西方國家大幅減少在中國的
投資，生產協調和產品設計研發的功能也將逐步移往他
處。

另一方面，和陳添枝教授一樣的觀察，美國對世界的影響
力已大不如前，為了力挽頹勢，阻擋中國世界影響力竄
升，美國接連宣布退出自己於二戰前建立的全球治理機
構，如 WTO、WHO，走向雙邊主義，同時也陸續在建立
其全球治理的新機構，如數位貿易、5G 通信等，但排除中
國參與，也就是排除中國使用新的公共財。中國為了生存
及其產業發展，被迫投資及建立自有體系的公共財及產業
標準，此舉將耗損中國大量資源，減緩其長期經濟成長速
度。因此經濟下行的中國，往後勢必採取保護主義的貿易
和產業政策，而導致全球貿易量萎縮。

可以預見 COVID-19 的世界將是全球化倒退的時代，也是一個不合作的 G2 世界。面對此般後疫情時代的新生態，不論就資源或市場考量，台商都沒有必要選邊站，尤其是中小企業，客戶在哪裡台商就在哪裡。至於大型企業，因為資源較豐沛，為開拓市場及分散風險，可以同時加入兩邊不同的供應鏈體系，分別針對不同市場客戶進行多核心的全球布局。

後疫情時代的消費行為可歸為「新冠消費二因子理論」，企業必須同時提供衛生安全環境，以及差異化的產品服務二因子，才能吸引消費者進行經濟消費活動。然後，要兼顧防疫與經濟發展，企業必須加速數位轉型，善用大數據精準行銷，建立以消費者為中心的，後疫情時代「低接觸經濟生態服務系統 = Hygiene + Big Data + Martech + Fintech + AIOT」，才能在「低接觸經濟消費時代」占得優越席位，永續發展。

面對「碎鏈化」、「零接觸服務模式」、以及不合作的 G2 後疫情時代，台商可藉此「新常態」契機加速轉型升級，淬鍊自身國際經營與供應鏈管理能力，打造具有核心競爭力的全球化經貿新世代。遭遇衝擊較小，呈現 U 型復甦的企業可採取強化市場競爭地位與開發新產品以成長市場；受創較嚴重，呈現 U 型或 L 型復甦的企業可藉由併購、內部創新等策略扭轉局勢，或可以放棄市場，或重新定位進入新領域。至於原有以代工為經營模式的企業，則可藉此機會尋找自創品牌或併購國際知名品牌，創造台商自有品牌的專屬價值地位，即由台灣製造（made in Taiwan）、台商製造（made by Taiwan）轉型為台灣品牌經營（brand by Taiwan）。

（本文原刊登於 2020 年 7 月 7 日《工商時報》）

一個管理學者的社會責任

# 40

組織敏捷性是企業轉型變革
的關鍵

2020 年初全球爆發新冠病毒，重創全球經濟，尤其觀光產業受到的衝擊最為嚴重。因為各國的封城限制及入境隔離政策，國際旅遊活動幾乎停擺，旅遊業遭遇前所未有的經營生存危機，只有積極思索蛻變轉型，尋找新藍海商機，才可能度過經營難關，避免被市場淘汰。

面對此一波全球災難，雄獅集團的轉型策略是值得探討的。通常，企業為維持轉型變革的績效，除了要有卓越的策略布局及適合的組織架構調整，企業領導人的興業精神、文化形塑與決策速度，更是組織轉型變革成功不可或缺的要素，共同結構為組織敏捷性的內涵。換言之，組織敏捷性涵蓋企業領導人的策略意識形成（sense making）、領導團隊間的溝通協調，以及決策處理的速度與周延性。

雄獅集團在察覺經營危機時，便迅速展開了雙元轉型變革策略，一方面穩固旅遊本業，將營運核心由境外旅遊轉換為國內旅遊，不僅推出郵輪跳島、山林旅遊等，還取得台鐵「鳴日號」觀光列車六年的經營權，力拚國際等級鐵道旅遊假期；一方面以多角化經營模式，積極開拓新生活型態

事業，包括創立新餐飲品牌、開拓銷售在地嚴選農產精品的新通路，強調從產地到餐桌的優良品質，打造全新的雄獅事業集團。短短數月間，雄獅「旅行社」成功升級轉型為雄獅「生活旅遊集團」，正式由旅遊產業跨足生活產業。

2020 年是雄獅轉型變革重要的一年，初步已可見若干成效，國旅營收從 2019 年的 23 億元大幅增長八、九成，估計 2021 年目標衝破百億元，達成損益兩平，同時，雄獅股價也已回到了疫情之前的價位。

探究此次雄獅的危機應變與轉型變革計畫，充分展現雄獅卓越的組織敏捷力。在疫情爆發當下，迅速成立了「新冠疫情緊急事件戰情指揮中心」，並在雄獅集團總部組成領導團隊，分層負責各事業體的轉型變革目標與行動方案。不僅行動迅速，轉型決策思慮力求周延，在短時間內就與麗星郵輪結盟，推出全亞洲唯一跳島郵輪後，進一步取得鳴日號觀光列車經營權。

**40** *組織敏捷性是企業轉型變革的關鍵*

「結構追隨策略」，結構與策略的配適度直接影響組織的績效與競爭力。雄獅的雙元組織變革計畫裡沒有因為國外旅遊業務暫時停擺實施裁員，而是因應新策略調整其組織架構，將原本 300 人國旅團隊按部就班擴編至 2,000 人，成立「雄獅抱報」負責對內溝通，傳達公司變革轉型理念，形塑公司的轉型變革文化。如此善盡照顧員工的策略與組織調整，自然廣泛獲得員工對轉型變革行動的支持，齊心為開拓更精緻更高階的國旅市場努力。

危機就是轉機，在此動盪不確定環境下，雄獅集團破釜沉舟進行大幅度的轉型變革，打造全新的雄獅事業王國，高效率的組織敏捷性正創造著高效率的業績成果。

（本文原刊登於 2021 年 1 月 7 日《工商時報》）

# 41

新地緣政治風險下的
台商經營布局

台商過去在經營上多半較重視效率與技術的提升，而較少關注企業經營的風險。直到遭遇 2018 年以來的美中貿易戰，併發 2020 年新冠肺炎肆虐全球的衝擊，才深刻意識到貿易法令與供應鏈風險對企業經營的影響，稍有不慎即可能造成企業營收與獲利的重大損失，甚至危及企業的營運。

過去中國挾著經濟飛速成長以及同文同種的優勢，成為台商最主要的貿易與投資地區。此番遭遇美中貿易戰與新冠肺炎的衝擊，台商正好藉時機思索分散投資，發展多核心生產據點，建立一「非紅色供應鏈」體系，以迎合「碎鏈化」以及一個世界兩套系統的 G2 供應鏈時代來臨。

探究近期中國台商在不確定環境下的生產重組決定因素，可發現中國台商生產線移轉受美中貿易戰「新地緣政治貿易管制」的影響最大。以往企業海外投資考量的地緣政治風險幾乎都來自未全球化的新興市場，而今在全球經濟的核心地帶出現了新的地緣政治風險。

這些經濟核心地帶的富裕國家，常運用合法權威將經濟網路的關鍵控制點轉化為政治武器，用來打擊競爭對手。兩年來美國對中國進口產品課徵懲罰性關稅、對華為採取出口禁令，就是新地緣政治風險最顯明的例證。

美國對華為的出口禁令，不僅讓華為陷於經營風暴，也衝擊全球供應鏈，導致數多相關台商企業的經營倍受壓力。因此跨國企業進行海外投資布局時，絕對不可忽略新地緣政治風險的評估，要瞭解企業的最終客戶以及自身的曝險程度，隨時掌握資訊與更新，並且確實遵循相關的貿易法令，才能有效降低企業經營的風險。

但是，目前台商大部分是中小企業，沒有充分能力去評估新的地緣政治風險，也難以對繁複的出口管制條例、商品管制清單、實體清單等相關貿易法令遵循規則通盤瞭解。在面對產業短鏈化與國際供應鏈重組當口，政府應提供相關法令遵循資訊，並給予必要協助，以避免台商誤踩地雷，因違反規定被列為經濟制裁的對象。

早期海外投資台商，大都是屬於為降低成本，築巢而居的「防禦型」投資廠商，現今在新地緣政治風險下，台商們勢必要改變其全球布局思維，以「擴張型對外投資」主動出擊，儘速加入美、歐、日等國的信任夥伴聯盟，鏈結全球資源，強固己身在全球產業價值鏈的地位。同時，調整以出口為導向的運營模式，建立自有品牌，賺取跨國管理的智慧財；加速數位轉型，落實 ESG 公司治理。如此，一方面提高台商的國際化層次以及對全球產業的影響力，一方面便可以強化台商的持續競爭力。

（本文原刊登於 2021 年 1 月《工商會務》第 122 期）

# 42

台灣企業轉型成功的勝利方程式

回顧過去台灣企業的經營模式發展軌跡，是一道由所謂的「效率驅動」發展模式轉變為「創新驅動」發展模式的歷程，也就是由「模仿」（copycat）及「減抑成本」（cost reduction）的 OEM 代工生產製造，進階成為「智財與品牌」（brain & brand）的 ODM/OBM 的價值提升。彼得杜拉克曾說：「現今企業的競爭，是經營模式與經營模式之間的競爭。」企業因應環境變遷必須及時調整原有的經營模式，進行企業轉型，才得以永續經營。

然而企業轉型不易，成功的比例並不高，有時轉型方向掌握正確，但是沒有完善的配套，也可能功虧一簣，東莞大麥克商貿公司就是一個轉型方向正確但卻失敗的案例。

2011 年東莞台資協會成立東莞大麥克賣場的目的，是希望能夠協助東莞台商代工轉型，以自創品牌內銷中國各地。初期確實曾為台商打開了通路的障礙，提供一個能自創品牌與外銷轉內銷的平台，可惜只營運六年多就吹熄燈號停業了。檢討東莞大麥克經營失利的原因，除了設立大麥克大賣場地點的經貿「輻射力」不大外，商品訂價太高、商品特色與差異化不強、未能整合東莞台商的製造及研發資

一個管理學者的社會責任

源，以及錯失網路購物大潮，未及時設立電商部門等等都是因素。

在不確定環境下，企業轉型成功的勝利方程式為創業家能力，以及快速回應的組織敏捷力。創業家能力指領導人可以快速偵測環境、捕捉商機、即時擬定轉型方案，並執行成功的能力；組織敏捷力包含企業領導人的策略意識形成（sense making）、決策處理的速度與周延性、領導團隊間的有效溝通、組織快速重整，以利轉型的能力。因此創業家能力愈強、組織敏捷力愈大的企業，轉型績效即可能愈顯著。

2003 年因毛利持續下滑，董事長王紹新果斷決策，毅然於 3 個月內切斷占營收九成業績的所有消費性電子訂單，轉向投入利潤較高的工業型、客製化應用領域。經過多年的努力與逐次轉型，寫下了信邦電子神奇的企業轉型魔法故事。2021 全年合併營收達 256.93 億元，連續 10 年創新高。

轉型過程中，信邦電子做了很多變革與組織調整，例如：
生產由大量標準化轉為少量客製化、從零件代工走向產品
模組化，並善用追求創新的企業文化建立起設計、研發、
製造、組裝的一條龍整合服務等。總括，堅持以人為本的
企業文化、以追求價值創造先於減抑成本、善用全球資
源、與客戶共創價值，正是信邦電子轉型成功的 4 把鑰
匙。

雄獅旅遊王文杰董事長在全球遭遇新冠疫情肆虐，國內觀
光旅遊業受創嚴重的當下，迅速訂定轉型變革計畫，穩定
本業並延伸觸角，成功將雄獅「旅行社」轉型升級為雄獅「生
活旅遊集團」，由旅遊產業跨足生活產業。兩年來，王董事
長展現的創業家能力與雄獅發揮的組織敏捷力，相當程度
降低了新冠疫情對雄獅集團的衝擊與影響。

企業為獲得較高的轉型變革績效，除了要有卓越的策略布
局和合適的組織架構調整外，企業領導人的興業精神、文
化形塑以及決策速度在在是組織轉型變革成功不可或缺的
要素。

（本文原刊登於 2022 年 1 月《工商會務》第 128 期）

# 43

「與疫共存」工作模式的轉型
與發展

新冠疫情蔓延全球兩年多來，改變了人們的日常生活與工作型態，對企業營運模式也造成相當大的影響，包括電商與外送平台的崛起、遠距居家辦公比例的增加，以及公司數位轉型的速度加快等。隨著 Omicron 病毒侵襲，近日來台灣單日確診人數不斷攀升，政府的防疫也從清零轉向「與病毒共存」的「新台灣模式」。台灣企業在此「與病毒共存」的「新台灣模式」下，應思考如何面對經營風險管理的挑戰，加速調整組織與新的工作模式，從而強化企業的組織敏捷性與核心競爭力。

依據 LinkedIn 2021 年調查，現下求職者最關心的工作條件不再是高薪酬與福利，而是工作與生活的平衡。反映出後疫情時代，求職者希望在時間或工作地點選擇上，能享有更多的自主權與彈性，例如，員工能更靈活的選擇在家工作（Work From Home）。另外，根據國際數據集團預估，到 2024 年，將有高達 77% 的上班族會採用至少每週兩天以上的遠端工作。企業為因應此風潮，必要摒棄傳統的工作概念，重新思考企業人才和工作的運營模式，才能適應遲早到來的混合辦公新常態。

一個管理學者的社會責任

新冠疫情爆發之初，在家工作是為了確保員工健康與安全，在不影響業務情況下，避免群聚感染的風險。彼時企業關注的是，訊息能否及時傳達，在家工作員工的溝通管道是否暢通，至於資訊的存取並不是重點；然而隨著在家工作模式的大量實施與持續演化，目前遠距工作模式已經從在家工作發展到所謂隨處辦公（Work From Anywhere）。二者最大的不同，在對資訊安全與工作產出的規範。隨處辦公要求在任何地方，不管是在家、辦公室或是臨時地點，都能隨時利用手邊裝置安全的存取所需要的資源，並且在遠距情況下，維持一樣的生產力與工作體驗。

混合辦公除了能讓員工自主調配時間、不需侷限於固定地點辦公外，又能節省通勤時間與外出所耗花費。對企業而言，遠端工作不僅可以節省辦公室租金、水電、資材等固定費用支出，更能擴大企業聘用人才的範圍與彈性，於招聘人才時不受地域的限制，可以用更合理的薪資雇用到更合適的員工。

但是，遠端工作的稽核管理困難度較高，尤其員工的工作專注度不易掌握，成員間的互動明顯減少，遠端工作者一

且對目前工作缺乏成就感，又無特殊人際關係的情感連結，離職機率勢必增加。企業必須制訂一套完善的遠端工作治理機制與稽核辦法，才能有效激勵員工，留住人才，提高公司的整體生產力。

混合辦公是一不可逆的潮流，勢將成為疫後辦公模式的新常態。然而工作模式的轉型需要循序轉變企業文化的思維以及投資數位技術與資安設備，最重要的是企業高階主管的全力支持。在瞬息萬變不確定的時代，企業唯有加速數位轉型，重塑企業文化，建構數位韌性，提升新工作模式的生產力，才能確保企業永續經營。

（本文原刊登於 2022 年 5 月《工商會務》第 130 期）

# 結語

管理學者入世研究的重要性

幾年前，科技部管理一學門與中衛發展中心共同舉辦一場「入世研究：管理學者未來生涯發展方向」論壇，邀請宏碁創辦人施振榮董事長、前科技部人文司司長洪世章教授、前中衛發展中心董事長佘日新教授等人擔任與談人，並與100位國內各大學商管學院教授，共同討論如何「入世」研究。會中主持人時任管理一學門召集人陳厚銘教授率先點出幾個管理學界的反思：政府施政無感、食安管理問題等層出不窮，管理學界的知識分子 Where are you？台灣產業轉型升級出了問題，管理學界又做了哪些豐功偉業？政府國家戰略規劃，管理學界又有多少人參與？管理創新與社會實踐之開放平台如何建置與執行？管理學界如何擴大社會影響力？以這五問省思管理學者的未來角色。

施振榮董事長則以「王道精神」對學術研究與自主創新、自創品牌提出建議。施董事長表示：「SCI、SSCI 期刊論文可能落入西方價值觀的代工模式，學界應發展對台灣社會及產業界有衝擊的入世研究新模式，其中台灣經驗即是貢獻世界的具體表現。」

一個管理學者的社會責任

洪世章教授借《美麗境界》、《大賣空》等多部電影巧妙對比學術研究，並以《雨果的冒險》、《型男飛行日誌》妙喻管理學者的特質。最後再引電影闡述學術三部曲：首部曲見自己《葉問》、二部曲見天地《末代皇帝》、三部曲見眾生《甘地傳》，探究管理學者的天地。

論壇最後，佘日新教授指出：「與社會接軌、回應人民需求的入世學術研究可能更適合台灣小國的現況。」台灣是一個小國，為了追求國際頂尖大學排名，將過多的資源投入於與台灣社會現象無關的出世研究，甚至犧牲教學，不僅無法培育出符合本土產業或社會所需的人才，更浪費了珍貴的人力資本。入世研究實為台灣競爭力起飛之重要腳步。

西方文化的價值觀與管理思維和中國甚至整個東方是不同的。「我來、我見、我征服（I came, I saw, I conquered）」是凱薩大帝的豪語，霸氣凌霄，唯我獨尊；「給我一坨土，我便能生根」則是台灣文學家周夢蝶先生的名句，堅毅踏實，誠懇謙沖。兩種氣度正代表東西方人文思維的差異，映現在

企業的組織成長、能力建構、情境脈絡以及組織結構管理上，東西方企業必然存有不同的發展方向與選擇。

基本上，西方企業是以法律為基礎的雇傭關係，較重視個人成就、喜歡冒險、多追求短期獲利；東方企業則是以信任為基礎的雇傭關係，較重視團隊精神、趨向保守穩健、以追求長期成長為目標。

陳明哲教授即曾在哈佛商業評論《西方與東方相遇：啟發、平衡與超越》文章中，提出了東西方的文化雙融管理模式，強調西方管理實務並不能放諸四海皆準。例如微軟公司的雙軌制（dual path）升遷模式並不適用於華人企業，因為中國人傳統觀念認為，要管人，有下屬，才是有實權，才算是主管。因此必須融合東西方文化的觀念或價值體系，適當協調極端性，有效管理多方矛盾，才能構建一個「人－我－合」的東西方文化雙融思維。

管理本質上是一種實務，以問題解決為導向的實證科學會隨著時代環境變遷而改變，然而如何在這複雜而變動環境下採行決策，端賴經營者的選擇，在執行層並需要考量道德、社會現象、政治角力等因素，因此許士軍教授認為，管理是一門藝術成分大於科學成分的實務。管理學者是否成為具有影響力的一代宗師，能將所學傳承及貢獻於社會，在地入世研究即是不可或缺的首要任務。

（本文改寫自「入世研究：管理學者未來生涯發展方向」論壇新聞稿；陳厚銘，〈南懷瑾大師對教育、管理和企業經營的啟發〉，策略評論，第 37 期，2022 年 6 月）

前程文化事業（股）公司為新加坡
Vital Wellspring Group 旗下公司

鼎隆圖書（股）公司為新加坡 Vital
Wellspring Group 策略夥伴

國家圖書館出版品預行編目（CIP）資料

筆下企業管理‧劍指現勢時事：一個管理
學者的社會責任 / 陳厚銘著. -- 初版.
-- 新北市：前程文化, 2022.12
　　面；　　公分

ISBN　978-626-95923-4-0（精裝）

1.管理科學　2.文集

494.07　　　　　　　　　111017565

筆下企業管理‧劍指現勢時事
## 一個管理學者的社會責任

著 作 人　陳厚銘
發 行 人　傅國彰

出 版 者　前程文化事業股份有限公司 www.fcmc.com.tw
　　　　　新北市三重區重新路五段 609 巷 4 號 8 樓之 8
　　　　　電話：(02)2995-6488
　　　　　傳真：(02)2995-6482
　　　　　讀者服務：service@fcmc.com.tw
　　　　　法律顧問：達文西個資暨高科技法律事務所葉奇鑫律師
　　　　　　　　　　廣華律師事務所張珮琦律師

LINE@

總 經 銷　鼎隆圖書股份有限公司 www.tsanghai.com.tw
　　　　　235602 新北市中和區中正路 679 號 6 樓之 1
　　　　　電話：(04)2708-8787
　　　　　傳真：(04)2708-7799
　　　　　Email：thbook@tsanghai.com.tw
　　　　　書號：VWMB0101

西元 2022 年 12 月初版